La aventura tecnológica

Evolución de la sociedad y el destino del hombre

CARLOS MACHADO ALLISON

La aventura tecnológica

Evolución de la sociedad y el destino del hombre

Portada diseñada por Cognitio

Segunda Edición Impresa

ISBN 978-1-939393-04-3
ISBN 978-1-939393-02-9 (ebook)

Primera edición impresa patrocinada por la Academia de Ciencias Físicas, Matemáticas y Naturales de Venezuela.

Cognitio
Books & Apps
www.cognitiobooks.com

Acerca del autor

Carlos Machado Allison, es un profesor e investigador venezolano graduado en Biología en la Universidad Nacional Autónoma de México, luego se especializa en entomología médica de la Universidad de Sao Paulo y obtiene un PhD en Genética en la Notre Dame University en los EEUU. Ha sido autor de más de 140 publicaciones científicas, libros de texto, técnicos y de divulgación científica. También es columnista del diario El Universal de Caracas. Profesor titular de la Universidad Central de Venezuela y del IESA, fue Director General del principal instituto de investigaciones agropecuarias de Venezuela y especialista internacional del IICA en América Central. El haber vivido en seis países y conocer otros 30 le despertó una pasión por la historia que se plasma ahora en sus más recientes obras literarias. En la actualidad es miembro de la Academia de Ciencias Físicas, Matemáticas y Naturales de Venezuela.

Indice

Introducción

Como millones de habitantes del planeta, escribo estas líneas utilizando una computadora, mientras escucho el murmullo del aire acondicionado. Me acompaña un teléfono celular, a mi derecha se encuentra un teléfono fijo multifuncional. Esta mañana preparé café en una cocina eléctrica dotada con un controlador electrónico de tiempo y temperatura. Descendí al estacionamiento en un ascensor, abordé un vehículo cargado de sistemas de control, ABS en los frenos, transmisión automática, un sistema que me permite escuchar música en discos compactos y una radio AM-FM donde puedo recibir, casi al instante, noticias de los eventos acontecidos en mi país o en el mundo, gracias a las conexiones satelitales captadas por las radioemisoras.

Recibí y contesté correos electrónicos y en algún momento del día utilizaré un horno de microondas, dictaré una clase utilizando un proyector conectado a un *laptop* en el que he almacenado láminas empleando el *software* Power Point. En la noche disfrutaré una película en un televisor que está conectado a una red que provee unos sesenta canales, desde los locales hasta los procedentes de seis o siete países diferentes. Pocas veces voy al banco y hace años que no acudo a las oficinas de las empresas que me proveen electricidad y telefonía, ya que realizo las operaciones requeridas a través de Internet. Estoy seguro de que parte de la ropa que poseo ha sido confeccionada utilizando equipos modernos como cortadoras láser; la tela, hecha de algodón y alguna fibra sintética, fue elaborada en

China y confeccionada por una empresa originaria de Corea, ubicada en Honduras, que recibió por vía electrónica los patrones que el diseñador envió desde París.

Los alimentos que consumo fueron modelados por tecnologías que actúan desde parte del diseño genético, hasta que el producto final llega a mi plato. La semilla, certificada, fue plantada por una sembradora, se utilizaron fertilizantes y plaguicidas, se empleó una cosechadora y alguien clasificó el producto, que después fue lavado, cortado, empacado al vacío, etiquetado con un código de barras, transportado y colocado en un anaquel.

Además, a lo largo de mi vida, buena parte en el siglo XX y algo de ella en el XXI, me han vacunado contra una decena de dolencias que hace cincuenta años liquidaban a una proporción apreciable de los seres humanos, poseo un botiquín con las medicinas requeridas, cuento con suficiente información para saber que debo tener una alimentación balanceada, realizar deportes al aire libre y manejar mi automóvil con precaución. Esto, colocando los factores genéticos a un lado, me ha permitido llegar a una edad que casi ningún humano del Neolítico alcanzó.

También es parte de mi vida residir en una ciudad contaminada, ingerir cosas que contienen sustancias que me hacen daño y estoy razonablemente convencido de que el estrés urbano y profesional que me ha acompañado por casi toda la vida está tan profundamente adherido a mi mente que sufriría mucho si hago algún esfuerzo por eliminarlo.

Sin todo ese bagaje tecnológico, una proporción elevada de la humanidad no existiría o sufriría grandes privaciones. Pero reflexiono sobre si este mundo moderno, con miles de tecnologías disponibles, me ha hecho ser mejor persona o si la humanidad, como un todo, ha progresado en aspectos como la ética y el amor. Pero la reflexión cede ante una categórica afirmación: la gran mayoría de las personas que nacieron en los siglos XVI o XVII no tuvieron nunca la posibilidad de pensar sobre estas cosas ya que fallecieron antes de los cinco años de edad.

Es adecuado confesar que, en lo concerniente al acceso a ciertas tecnologías, pertenezco un grupo privilegiado, mientras que una proporción importante de la humanidad aún se encuentra privada de ellas. Muchos no podrán leer nunca este libro porque son analfabetos y cada día mueren miles de niños debido a la desnutrición o a enfermedades para las que existen medios, bien para prevenirlas, bien para curarlas. Uno de cada seis habitantes del planeta, alrededor de 800 millones de personas, no dispone de suficientes alimentos. Mientras muchos se encuentran privados del bienestar derivado de la tecnología, otros disponen de ella para destruir. Persisten las guerras, el terrorismo se ha extendido a muchos países y en el presente tenemos la amenaza de las armas atómicas, químicas y biológicas.

Cada día los investigadores aportan nueva evidencia sobre el recalentamiento global. La ampliación de la frontera agrícola determina cicatrices crecientes sobre el planeta. Los procesos de desertificación, la merma de las fuentes de agua y la reducción de la biodiversidad destacan entre las consecuencias de varios siglos de vigoroso crecimiento de la población humana.

El control que el hombre ejerce sobre su entorno, gracias al arsenal tecnológico acumulado, ha determinado que de apenas un millón o menos seres humanos existentes antes de la revolución del Neolítico, unos 10 mil años atrás, ahora pululen sobre la Tierra más de 7 mil millones de habitantes. Una biomasa que se encuentra en el orden de los 400 mil millones de kilogramos que es necesario alimentar, vestir, dotar de vivienda, energía y agua, de salud, espacios para trabajar y sistemas para disponer de enormes cantidades, entre 6 y 9 mil millones de kilogramos diarios de basura sólida y una cantidad aún mayor de aguas servidas.

La ciencia y la tecnología nacen de nuestros cerebros, de la inventiva, de la capacidad que tiene nuestra especie de identificar un problema, analizarlo y buscar soluciones.

En la actualidad se forman miles de círculos virtuosos donde cada nuevo concepto encuentra una nueva herramienta que permite su verificación o rechazo, y luego, gracias a la inventiva, en no pocos casos el proceso concluye con la generación de una nueva tecnología, otra herramienta que a su vez nos abre el camino para seguir indagando.

El desarrollo de una proporción importante de las tecnologías ha sido tomado pensando en los beneficios económicos que pueden traer. Empresas e individuos, motivados por la expectativa de lucro, invierten tiempo, talento y dinero para ello, a veces sin considerar el posterior impacto de las mismas en la sociedad. No es extraño que los efectos negativos sólo sean percibidos una vez que la tecnología es adoptada y empleada extensivamente.

Asimismo, a veces los intereses colectivos determinan el abandono o la prohibición de una tecnología. El caso del DDT es uno de los mejor documentados, ya que su empleo permitió salvar millones de vidas por su eficiencia en el control de la malaria y otras enfermedades, hasta que se descubrió que éste persistía en el ambiente por décadas y sus subproductos se acumulaban a lo largo de las cadenas alimenticias amenazando con la extinción a muchas especies. El debate fue largo y aún persisten acusaciones de lado y lado, ya que la prohibición del DDT también tuvo un costo al abortar programas de control de transmisores de enfermedades.

Los plaguicidas y fertilizantes son en la actualidad no sólo una de las principales fuentes de contaminación ambiental, sino un ejemplo patente de la paradoja tecnológica. Sin ellos probablemente 3 mil millones de seres humanos estarían sometidos a hambrunas o desnutrición, pero mientras la población del planeta se duplicó, el empleo de estas sustancias aumentó siete veces, con graves consecuencias sobre ríos, lagos, suelos y muchas formas de vida.

¿Cuánta libertad debe existir para seguir generando tecnologías y cómo deben ser canalizadas o reguladas por la sociedad? Se trata de un tema bajo intenso debate. Uno que trascendió al mundo académico para invadir el político, el jurídico y el de las relaciones internacionales. Por ejemplo, sobre el tema ambiental, existen acuerdos suscritos por un elevado número de países que han sido el resultado de conferencias globales como las de Estocolmo, Río de Janeiro, Kioto, Cancún y Tanzania.

Muchos países poseen leyes penales ambientales, han suscrito acuerdos de comercio como el llamado «etiquetado verde»; otros limitan la venta de armas a gobiernos considerados como poco confiables y casi todos han suscrito tratados para evitar la proliferación de armas atómicas. La ingeniería genética se encuentra regulada, la clonación humana ha sido debatida en innumerables foros, las tecnologías asociadas a la fertilidad han motivado reacciones vinculadas a la ética o las tradiciones. La sociedad se informa y participa como nunca, y lo hace gracias al importante desarrollo de las tecnologías de la información.

El tema es tan importante que un clic en un buscador de información en Internet, a mediados del año 2007, empleando como palabras clave, en inglés, *technology and society*, arrojó aproximadamente 19.200.000 documentos electrónicos disponibles. En el mismo buscador y día, en español, para las palabras «Tecnología y sociedad» se encontraban disponibles unos 708.000 documentos. Así mismo, para las palabras clave «*science and technology*» y «ciencia y tecnología», los documentos disponibles fueron, respectivamente, 43.800.000 y 893.000. En enero de 2013 para *Science and Technology*, el número de documentos había aumentado a 1.990.000.000 y para *Technology and Society* la cifra alcanzó 565.000.000.

Del impacto de la ciencia y la tecnología sobre la sociedad es mucho lo que se ha escrito y buena parte tiene los sesgos esperados que derivan de la ideología del escritor, pero algunas generalizaciones son posibles. Quizás la primera de ellas es que la ciencia y la tecnología han contribuido a crear sociedades con más libertad y creciente consciencia sobre sí mismas. Otra es que el conocimiento progresa más rápido y posee más calidad, en la misma medida en que el sistema político ofrezca mayores libertades individuales y garantice más eficientemente los derechos humanos fundamentales: propiedad, opinión, educación, trabajo bien remunerado, atención médica, equidad y así sucesivamente.

Con raras excepciones, los gobiernos autocráticos han sido enemigos del conocimiento y del flujo libre de información. El pobre e ignorante, ya que estas dos condiciones van de la mano, son pasto fácil de la demagogia y la superstición, y a veces, también, víctimas fáciles del poder.

Cuatro o cinco mil años atrás los moradores de Stonehedge, tenían que buscar la materia prima —rocas de pedernal— y luego labrar un trozo de madera para construir una herramienta básica. Si se rompían, no tenían otra alternativa que repetir el proceso pues la misma era indispensable para sobrevivir. Hoy compramos herramientas y las utilizamos ignorando en buena medida de dónde proceden las materias primas, quiénes las fabricaron o qué consecuencias tienen sobre la sociedad. Con frecuencia, cosa que desde luego no es recomendable, ni siquiera leemos el manual que acompaña a una nueva herramienta y hasta es probable que éste termine en el fondo de una gaveta acompañado por la factura y la garantía del fabricante.

Los usuarios de computadoras, millones de personas, carecen de conocimientos sobre física del estado sólido, algoritmos o máquinas de inyección de plástico; sin embargo, las emplean. Otros tantos, sobre la electricidad que llega a sus hogares sólo quieren saber dónde hay que conectar un electrodoméstico y cuándo deben cancelar la factura. Al mismo tiempo, estamos conscientes de que existen personas capaces de diseñar una nueva computadora y otras cuyos conocimientos permiten la generación y transporte de la electricidad hasta nuestros hogares; también que gracias a ellas surgen nuevos conocimientos y técnicas que alimentan la avalancha tecnológica de nuestra época.

De lo anterior, en particular los últimos párrafos, deriva mi solicitud de indulgencia hacia el lector. Serían necesarias varias vidas para leer y sintetizar todo lo que se ha escrito sobre la importancia de la tecnología en la evolución de nuestras sociedades, y sería ingenuo pretender que las siguientes y breves páginas cubran la totalidad de esta historia. Con certeza algo de arbitrario y mucho de emocional marca la selección de los temas, pero satisfecho estaré si entre una proporción de los lectores, en particular los más jóvenes, crece el interés por la ciencia y la tecnología en el desarrollo de nuestras sociedades.

Así mismo, debo manifestar mi agradecimiento a las instituciones que a lo largo de los años me brindaron soporte, herramientas y espacio para acumular información y redactar este libro. Aquellas donde estudié: Universidad Nacional Autónoma de México, University of Notre Dame, Universidad de Sao Paulo y en las que me desempeñé como docente, investigador o administrador académico: Universidad Central de Venezuela, Fundación Instituto de Ingeniería, Museo Británico, London School of Tropical Medicine, FONAIAP y, más recientemente, el Instituto de Estudios Superiores de Administración (IESA) y la Academia de Ciencias Físicas, Matemáticas y Naturales de Venezuela. No puede concluir esta introducción sin que consigne mi agradecimiento a quienes me dieron irrestricto apoyo en el desarrollo de la idea y además le destinaron tiempo y esfuerzo a la corrección, montaje y búsqueda de información: Antonio Machado Allison y Anabelle Domínguez Sánchez. Ahora, obviamente a los editores de **Cognitio Books & Apps**, responsables de esta primera edición como e-Book.

La primera edición de éste libro (2008), sólo en papel y con el mismo título, se efectuó bajo el patrocinio de la **Academia de Ciencias Físicas, Matemáticas y Naturales** de Venezuela. Para la actual se efectuaron cambios, correcciones y actualizaciones.

Caracas, enero de 2013.

Capítulo 1

Comienza la aventura

Los primeros pasos

La evidencia de los fósiles ha permitido elaborar un mapa razonable de nuestra evolución. Sabemos cuándo y en cuánto aumentó la capacidad craneal. También sabemos bastante sobre los cambios en la estructura de la mano y la posición erecta, características que también nos distinguen de los primates superiores, nuestros parientes más cercanos.

Fue un proceso gradual que se inició en África hace más de tres millones de años y que luego se extendió a otras latitudes. Hace unos 500 mil años, el *Homo erectus* había llegado tan lejos como China y el sudeste de Asia. Entre 100 mil y 200 mil años atrás la distribución de nuestros ancestros, con suficientes cambios físicos como para considerarlos una especie diferente y más parecida a la actual, cubría buena parte del llamado Viejo Mundo. Luego, en los últimos 50 mil años, seres casi idénticos a como somos en la actualidad ocuparon las áreas más alejadas de su punto de origen: Australia y América. Un prolongado periplo que expuso a nuestros ancestros a climas y ecosistemas diversos, a presiones selectivas con importantes consecuencias biológicas, culturales y tecnológicas.

Desde sus orígenes, nuestra especie se caracterizó por una gran capacidad de aprendizaje y búsqueda de soluciones prácticas a los problemas que ha encontrado. Establecer cuál fue y cuándo ocurrió el primer invento no es tarea fácil. El registro fósil y arqueológico del hombre es fragmentario, la evolución cultural asimétrica, muchas huellas de su pasado han sido destruidas. De allí que es poco probable, a pesar de lo mucho que hemos averiguado, tener una secuencia completa de las tecnologías desarrolladas a lo largo de los 3 millones de años de nuestra historia.

Paleontólogos y antropólogos han venido coleccionando y enriqueciendo el conocimiento de nuestro pasado, de la evolución biológica y cultural. Junto a los fósiles, en los lugares que habitaron, en la proximidad de los restos de los animales que capturaron, se encuentran también las herramientas utilizadas. Durante los primeros 3 millones de años la tasa de generación de innovaciones es lenta, pero ocurren eventos importantes.

Por ejemplo, el arco y la flecha, quizás la primera tecnología compleja, muy probablemente se desarrolló en forma independiente en muchas zonas del planeta. La misma exige madera de cierto tipo, fibras resistentes, una punta aguda y guías para asegurar precisión en la trayectoria. Este invento no surgió en forma instantánea, fue precedido por una lanza corta; luego, la necesidad de alcanzar presas a distancia estimuló la búsqueda de una solución propulsora. También es posible deducir que fueron necesarias muchas pruebas y generaciones para que la combinación del arco y la flecha funcionaran con eficiencia.

La recolección de pequeños frutos y tubérculos o la captura de huevos e insectos, forma básica de alimentación de muchos primates, preceden a la pesca y a la cacería. Estas últimas exigen el dominio de ciertas tecnologías, unas instrumentales, otras de tipo social. Sin embargo, lo que es evidente para nosotros también lo era para nuestros ancestros: adquirir muchos peces o grandes mamíferos significaba adquirir más energía a menos costo, y resolver el problema de su captura era importante. Las acumulaciones de osamentas en el fondo de barrancas constituyen, por su asociación con algunas herramientas primitivas, un indicio de la solución, una tecnología sin implementos: el grupo humano se organiza, coopera, persigue y acosa a sus víctimas hasta hacer que se despeñen en sitios seleccionados. Esa conducta es aplicación de conocimiento organizado, es decir, lo que vamos a definir como tecnología.

El hombre se organiza

La cacería organizada representa un tremendo adelanto tecnológico y social. La posibilidad de obtener proteínas a un costo energético razonable va acompañada del aprovechamiento de pieles para vestido y calzado, vísceras que pueden ser transformadas en fibras elásticas y huesos para la elaboración de herramientas y utensilios. Un animal de cierto porte constituía una fuente importante de materias primas y tanto el propósito como el éxito en su captura tiene un efecto importante sobre la organización del grupo: promueve la cooperación, la especialización y distribución de funciones. La ubicación de manadas, la construcción de herramientas, la conducción del grupo y hasta la invocación mágica pasan a ser la misión de unos, mientras que otros preservaban el fuego y cuidaban el sitio donde el grupo se refugiaba y almacenaba sus bienes. El hombre descubre la importancia de la estrategia.

Un superávit ocasional de alimento otorga tiempo para pensar y organizar: las pinturas rupestres de sitios como la cueva de Altamira ilustran esta situación. Ocurre una revolución tecnológica y social, surgen los primeros artesanos, se integran con mayor coherencia los grupos familiares y sus papeles se hacen más definidos. La selección natural favorece a los individuos con mayor capacidad para la vida social y preserva sus genes ya que dejan mayor descendencia. Por otra parte, los menos dotados para aprender y colaborar posiblemente eran aislados o simplemente no sobrevivían y abandonaban este mundo con escasa o ninguna descendencia, con lo que contribuían, por vía de la eliminación genética, a un proceso evolutivo que premiaba la inteligencia, la capacidad de comunicarse y de cooperar.

Benjamín Franklin dijo en una oportunidad que el hombre era el único animal capaz de construir herramientas. Tal frase, como otras acuñadas en la búsqueda de aspectos que distingan al hombre de otros animales, es exagerada. Otros animales son capaces de construir herramientas, o de modificar ciertos aspectos del entorno para adaptarlos a sus exigencias biológicas. Pero lo cierto es que el hombre es el único que las construye sistemáticamente amparado por la capacidad de aprender, sintetizar, comunicarse y tener pensamiento abstracto. Un profesor de Harvard le decía a sus alumnos, simplificando el complejo proceso de la evolución humana, que una cavernícola tenía dos hijos: Fritz y Franz. Ella les explicó que no debían salir de la cueva después de la puesta del sol porque por allí merodeaban unos tigres. Fritz entendió, Franz no lo hizo. La humanidad desciende de Fritz, los genes de Franz se perdieron en el intestino de algún tigre.

Los chimpancés son capaces de integrar partes (por ejemplo, acoplar dos cañas para alcanzar un objeto apetecible). Esta capacidad se aproxima bastante a la idea de «construir» una herramienta. Sin embargo, los chimpancés no construyen de forma sistemática, ni le transmiten a su descendencia, a través de un lenguaje simbólico y en forma ordenada, la información requerida para replicar o mejorar esa herramienta. Esto le otorga cierto crédito a la aseveración de Benjamín Franklin.

Como otros primates, los homínidos más primitivos usaron ramas rotas, trozos de piedra meteorizada y bordes afilados de huesos. Después, imitando la acción de las fuerzas naturales y en forma gradual, aprendieron a construirlos. Las primeras evidencias sólidas proceden, como muchos otros restos interesantes, de las terrazas lacustres de África oriental ubicadas en Tanzania y Uganda. Corresponden a lo que algunos autores han denominado «cultura de los guijarros». No hay dudas, gracias a las exploraciones realizadas en los últimos cincuenta años, de que el uso de las piedras cortantes debe ser muy antiguo, no menos de 1,5 a 2 millones de años, y que el primer artesano fue un *Homo habilis* que vivió en Olduvai y zonas aledañas.

El siguiente millón de años será testigo de los cambios biológicos que separan al *Homo habilis* del *Homo erectus*. La capacidad craneal aumentó de unos 700 cm^3 a más de 1.000, la estatura se incrementó y la posición se hizo más erecta. El incremento en la capacidad craneal estuvo acompañado por otros cambios que afectaron la pelvis, el cráneo, la dentadura, las manos y las proporciones. Cada vez menos parecido a sus ancestros arborícolas, cada vez mejor adaptado a los espacios abiertos, encuentra en las herramientas, en el comportamiento social y en la inteligencia, una forma novedosa de competir o evadir animales mejor dotados físicamente. El desarrollo intelectual, una extraordinaria innovación evolutiva, abre nuevos caminos y sus poblaciones crecen en número y ocupan áreas cada vez mayores.

La llamada cultura *Acheulense* cubre un lapso prolongado, una extensa geografía y un desarrollo cultural asociado a grandes cambios climáticos como son las glaciaciones de Riss y Mindel y los interglaciares Cromeriense y Holsteniense. Al término de los mismos, la distribución de los humanos cubre desde la isla de Java hasta Heidelberg, en Alemania, y se extiende desde zonas tropicales de abundantes lluvias, pasando por áreas semidesérticas, hasta las cuevas de las zonas templadas y frías de Europa. Una distribución que ilustra un gradual dominio tecnológico sobre el ambiente gracias al fuego, las pieles y la organización social.

El *Homo erectus* es el primer organismo que construye una alternativa de evolución cultural, logrando adaptarse a las inclemencias del medio a través de la generación de tecnologías y evadiendo algunos efectos de la selección natural.

Otro medio millón de años serán necesarios para la transformación del *Homo erectus* en *Homo sapiens*. Los restos fósiles de Java, Rodesia, Saldanha, Verteszöllos y Solo permiten entender ese proceso que avanza hacia el extinto «hombre de Neanderthal» y su casi contemporáneo, el de Cro-Magnon, del cual probablemente desciende el hombre actual. Los instrumentos de piedra, las vestimentas, el dominio del fuego, ritos y expresiones artísticas, sugieren la existencia del lenguaje articulado y simbólico.

El lenguaje es una solución indispensable para garantizar la coordinación de actividades y el paso de información tanto entre los integrantes de cada grupo como entre una generación y la siguiente. Muchos animales poseen un lenguaje, pero éste se encuentra genéticamente determinado. Los seres humanos nacemos con la capacidad de aprender cualquier idioma o dialecto, podemos crear convenciones sobre símbolos, luego escribirlos, descifrarlos e interpretarlos. Poseemos, desde el nacimiento, la capacidad de aprender no sólo distintos idiomas, sino lenguajes inventados como las matemáticas o el pentagrama musical.

El fuego va a permitir y facilitar el surgimiento de otras tecnologías: la cocción de alimentos y su preservación por el ahumado. Ambas contribuyen al establecimiento de las bases de una nueva economía y constituyen un fuerte estímulo a la organización social de estos grupos.

La posesión de fuego, lenguaje articulado e instrumentos de piedra y hueso determinó un impacto social importante. Actividades como mantener el fuego, elaborar vestimentas, fabricación de hachuelas, cuchillos, mazas y otras herramientas generan una distribución del trabajo que complementan aquellas actividades previas como cazar, pescar y recolectar. La sociedad se hace más compleja y diferenciada, con funciones por sexo y edad que van incrementando la eficiencia del núcleo tribal. La función de enseñar y la capacidad para aprender cobran importancia creciente. Ambas se ajustan a un proceso biológico que prolonga la infancia y la adolescencia por un lapso mucho mayor que en los restantes primates. Ningún otro animal tiene una infancia y una adolescencia tan prolongada, un largo tiempo para aprender.

Una infancia tan prolongada nos hace únicos. Cierto es que determina una gran vulnerabilidad y dependencia cuando la comparamos con el rápido proceso de maduración e independencia de otros mamíferos superiores, pero queda compensado con creces por el largo proceso de aprendizaje. El surgimiento del artesano fue, como señalaba Calder, «tanto el producto como el incentivo» que fortaleció a las primeras sociedades humanas. Esta síntesis de cambios biológicos y sociales, junto al soporte otorgado por el dominio de las primeras tecnologías, constituye la plataforma de lanzamiento de la gran aventura del hombre sobre el planeta Tierra.

El Paleolítico superior

Hace unos 50 mil años el hombre ya tenía una amplia distribución geográfica. Restos fósiles y herramientas han sido encontrados desde el extremo oriental de Asia hasta Península Ibérica, desde el centro de Europa hasta el sur de África. Los paleontólogos encontraron en esos restos características morfológicas con diferencias mayores a las que actualmente poseen las distintas razas de humanos. Esto hizo lícito el usar nombres científicos diferentes para identificar a estas poblaciones, bajo el supuesto de que estaban separadas por distancias genéticas mayores que las actuales. *Homo sapiens neanderthalensis, Homo sapiens rhodesiense, Homo sapiens soloensis*, son algunos de esos nombres que tratan de ilustrar las diferencias. Algunos tuvieron más éxito que otros y en un proceso, que aún desconocemos en sus detalles, formas como el hombre de Neandertal desaparecieron cediendo el espacio al *Homo sapiens sapiens* u hombre actual.

Con el tiempo se irá acumulando más información, pero la existente permite concluir que el hombre actual se parece más a los humanos que dominaron una amplia zona del Mediterráneo, cuyos restos fósiles más conocidos fueron designados como *Monte Carmelo* y *Cro-Magnon*. Los hombres similares a ellos fueron contemporáneos del hombre de Neanderthal, y si el fracaso evolutivo de este último se debe a la competencia o a la guerra entre unos y otros, es una idea para especular.

Tres culturas sucesivas, denominadas *Ariñaciense* (40.000 a 25.000 a. C), *Solutrense*, (25.000 a 15.000 a. C) y *Magdaleniense* (15.000 a 10.000 a. C.) constituyen el llamado Paleolítico, o «edad de la piedra tallada». En ese lapso ocurre una lenta evolución de las herramientas y utensilios. En el *ariñaciense* se encuentran implementos de hueso, cuerno y marfil, piedras cortantes, estatuillas femeninas y uso de colorantes en las más primitivas pinturas rupestres.

El surgimiento del arte, el simbolismo, la magia y los ritos funerarios prueban la presencia de hombres imaginativos, con lenguajes simbólicos y una economía que les otorgaba *tiempo*, uno de los recursos más importantes para transformar su entorno. La disponibilidad de ese tiempo libre para expresiones artísticas o mágicas, orientadas a beneficios futuros, sólo es concebible sí, al menos por ciertos lapsos, hay suficiente alimento y vestido. Las pinturas rupestres, tanto del *Solutrense* como del *Magdaleniense*, ilustran piezas de cacería y muchas estatuillas han sido interpretadas como símbolos de fecundidad. Los artistas hacen invocaciones predictivas, apuntan hacia lo desconocido para lograr lo conocido, imaginan e ilustran en las paredes y quizás, también, eran una suerte de maestros.

Durante el *Solutrense* se suman nuevas herramientas, las lanzas y algo parecido a una flecha que inicialmente es arrojada con la mano y luego con el arco. De este modo, delgadas varillas con agudas puntas configuran una nueva técnica que ahorra energía y aumenta la eficiencia del cazador. La bulliciosa técnica del acoso colectivo es sustituida o complementada por el sigilo en la selección de la presa. El grupo puede reducir tanto la intensidad de la jornada como el número de cazadores y hacer más favorable el balance energético. Menos recursos orientados a la cacería se traducen en disponibilidad para otras tareas, entre ellas, el desarrollo de tecnologías que tendrán en el barro y las fibras la materia prima: cerámica y cestería.

Los arcos y las flechas más antiguos proceden de localidades próximas a las montañas Atlas en África del Norte —unos 25 mil años atrás— y corresponden a la cultura *Ateriense.* Aldrey sugiere que este invento no solo alteró profundamente las relaciones entre el hombre y el ambiente, sino que al liberar al hombre de la dictadura del grupo, estimuló la individualidad. Este es un terreno especulativo, pero lo cierto es que el cambio social, cultural y tecnológico se acelera después del *Magdaleniense,* la antesala de la revolución neolítica, cuando las herramientas alcanzan mayor desarrollo. Algunas son similares a las que hoy emplean algunos grupos humanos aislados.

De este período se conocen arpones, agujas para coser pieles, cuchillos, arcos, flechas y hachas de piedra. Se han identificado pinturas rupestres en más de de 150 cuevas al norte y sur del Mediterráneo. Casi contemporáneo al *Magdaleniense* tardío es la primera expresión artística encontrada en América; una cabeza de coyote labrada en la pelvis de un camélido extinto parecido a la llama y encontrado en Tequixquiac, México. Su edad corresponde a unos 12 mil años antes de nuestra era.

Por miles de años, en particular durante las largas glaciaciones y las estaciones más frías del año, se establecieron límites al desplazamiento del hombre. Una vez ubicada una cueva y adaptada para su uso, ésta pasaba a constituir el pivote central de todas las actividades por generaciones. El grupo sólo migraba si el clima se hacía demasiado inclemente, si se agotaba la cacería o si era desplazado por la fuerza a otro lugar.

Los nuevos instrumentos, como la aguja de coser, permitieron que el hombre construyera una vivienda que podía ser llevada a cuestas. La «gran tienda» de Poggenwisch, en Alemania, es una muestra de esta innovación que permitió el recorrido de grandes distancias, como las requeridas para que el hombre llegara al continente americano. El cruce del estrecho Behring sólo fue posible en tres períodos: del 60.000 al 50.000 a. C; entre 36.000 y 32.000 años atrás, y finalmente entre los años 28.000 y 13.000 a. C. Los restos más antiguos encontrados hasta la fecha tienen entre 10 y 12 mil años. Pero al margen de la precisión de la fecha, lo cierto es que este largo periplo desde el norte de Asia hasta América del Sur, cruzando por las vastas y heladas llanuras del norte, sólo fue posible si estos grupos «cargaban» su morada a cuestas, dominaban los artes de la caza y la pesca, es decir, arco, flecha y lanza o arpón, y poseían una organización social.

En estas y otras migraciones el generar fuego, más que simplemente conservarlo, constituyó una necesidad imperiosa. La evidencia más antigua de la posesión del fuego corresponde al hombre de Pekín, 400 mil años atrás. No sabemos y posiblemente nunca lograremos averiguar en qué momento, a lo largo de esos 400 mil años, se logró dominar la tecnología para «hacer» fuego y conservarlo. La forma más primitiva fue generando chispas mediante el golpe o la fricción entre dos piedras. Luego vendría un descubrimiento de gran importancia: el movimiento rotatorio de un palo sobre otro, ancestro del parahúso, instrumento que luego es asociado al arco. Los parahúsos son conocidos por muchas culturas, desde Egipto hasta México y, probablemente al igual que el arco y la flecha, constituye uno de esos inventos que surgen independientemente en varias culturas.

Para fines del Paleolítico la humanidad estaba conformada por numerosos y pequeños grupos tribales que dominaban diversas tecnologías. Existía la capacidad para generar fuego y construir una vivienda; instrumentos eficientes para cazar y pescar. Se han acumulado conocimientos sobre la naturaleza, existe el arte y la magia. Los hombres son erectos, hábiles, capaces de transmitir experiencias y conocimientos a las nuevas generaciones; ha surgido el hombre que fabrica.

También, en los milenios precedentes y a lo largo del Paleolítico ocurre un proceso biológico de importantes consecuencias. En una primera etapa la selección natural premiará la agudeza visual, la fuerza física, la resistencia a las inclemencias del clima, la fertilidad, la precisión y coordinación de movimientos. Es decir, todas aquellas cosas importantes para sobrevivir, dejar descendencia y garantizar la supervivencia de la prole. Pero luego serán los atributos intelectuales los que otorgarán a cada individuo una mayor probabilidad de sobrevivir y reproducirse. Las capacidades para adquirir información, almacenarla, procesarla y actuar adecuadamente son componentes de lo que llamamos inteligencia, y ésta será premiada por la selección natural.

Una vez que la probabilidad de supervivencia depende más de la capacidad para generar o dominar una tecnología, que de los atributos físicos, la inteligencia pasa a ser un factor crítico. Como sobrevivieron y dejaron mayor descendencia los individuos mejor dotados para contribuir con la eficiencia del grupo, para negociar con habilidad situaciones difíciles, aprender de la experiencia propia y ajena y desarrollar destrezas útiles, la inteligencia y la creatividad aumentaron, generación tras generación.

Capítulo 2

La agricultura: un evento trascendental

«Neolítico» es el término acuñado para definir un período de nuestra historia en el cual la piedra, además de ser labrada, pasa a ser pulida, pero es la agricultura la que cambiará para siempre la forma de vida de los seres humanos. El hombre venía acumulando conocimientos y técnicas para preservar los alimentos, entre ellos la cocción, el ahumado y el salado de los mismos. También se acumularon conocimientos sobre las épocas de fructificación y formación de las semillas de las áreas que recorrían. Otras observaciones sobre germinación y floración concluyeron por introducir, en la cultura del Neolítico, conocimientos sobre las plantas cuyos productos explotaban; de allí a cultivarlas sólo había un breve, más trascendental paso.

Así como la agricultura vegetal tiene su origen en la explotación de los frutos de las plantas, la domesticación nace de la ubicación de grupos humanos en la proximidad de grandes manadas. El hombre intenta «cosechar» animales en lugar de cazarlos. El uso de animales vivos como cebo o «reclamo» es aún practicado por muchos pueblos; de allí a intentar domesticarlos hay también un paso.

La Revolución Neolítica no constituye un evento simultáneo. A lo largo de 7 mil años, en forma independiente, el hombre comienza a cultivar y domesticar animales en distintos puntos del planeta. Como todos los grandes eventos tecnológicos, la agricultura es una solución a un problema reconocido con precisión. Algunos pueblos, en particular aquellos ubicados en zonas geográficas con clima uniforme, agua abundante y rica fauna y flora, nunca se hicieron del todo agricultores o pastores. Más aún, persisten algunas culturas aisladas que no fueron alcanzadas por este gran evento.

De allí que la agricultura se practicó primero en áreas en las que la presión por obtener alimentos en forma regular era mayor. Era una solución a un problema vital en las áreas subtropicales y fue precisamente allí donde surgió. Trigo en el Mediterráneo, maíz en el altiplano de México, papa en los Andes, arroz en los altiplanos y en los deltas de los grandes ríos de Asia.

Los cultivos sólo tienen éxito cuando se combinan varias tecnologías y conocimientos: es necesario saber cosas sobre el clima, el suelo y la planta, controlar o aprovechar el agua, conocer la época adecuada para la germinación, fabricar surcos y construir herramientas. Las primeras evidencias de prácticas agrícolas han sido datadas entre 8.000 y 10.000 años a. C. Los recipientes para guardar el grano son una evidencia casi universal. Sutiles diferencias asociadas con el tipo de grano y las piedras, arcilla o fibras disponibles separan los morteros para moler y los recipientes de Jericó y México, pero las soluciones son casi idénticas a pesar de estar tan separadas en el tiempo y en el espacio.

Los productos más notorios del dominio de la tecnología agrícola son el comercio y la «ciudad». Los cultivos, por una parte, y los animales domesticados producen por primera vez excedentes de alimentos en ciertas épocas del año. Hacia los campos de cultivo migran las personas y cuando hay más alimento de lo que se puede consumir, surge el intercambio comercial. La organización social se hace más compleja, aparecen los comerciantes y los almacenadores. Surge también la necesidad de llevar algún tipo de registro.

Gobekli Tepe, en la actual Turquía (9.600 a.C.), Jericó (cerca de 8.000 a. C.) y Çatal Hüyüc (7.000 a. C.), descubierta por Mellart en 1951 y explorada entre 1961 y 1963, constituyen una sorprendente muestra de compleja urbanización. Son evidencia de que ha ocurrido un cambio sustantivo, de hecho, una revolución. En un lapso breve, impulsado por la práctica agrícola, el hombre pasa de la cueva o de la carpa provisional, a la construcción de viviendas más permanentes. En Çatal Hüyüc el acceso a la casa se realiza por el techo, gracias a escaleras de madera, y las paredes se encontraban profusamente adornadas; en áreas especiales, quizás una suerte de santuarios, son notables las figuras animales y otros objetos indicativos de prácticas religiosas. Estas dos ciudades, una amurallada, la otra con casas diseñadas para impedir el acceso de extraños, albergan pocos habitantes. Un mural de Çatal Hüyüc parece representar un plano de la ciudad en el que se distinguen unas cincuenta casas.

Un par de centenares de habitantes es un conglomerado humano reducido si lo comparamos con las megalópolis de nuestros tiempos, pero es una cifra considerable si la comparamos con las agrupaciones cavernícolas. Doscientas personas, requieren alrededor de 600 kilogramos de alimentos y bebidas por persona y año, es decir 120 mil toneladas anuales. Para suplirlas, conservarlas y distribuirlas es menester una compleja organización social. Mantener el orden exige, al menos, funciones personales definidas, códigos colectivos e individuales, un sistema de gobierno, almacenes y una organización para la defensa.

Tres eventos importantes marcan cada ciclo anual: la siembra, la cosecha y las decisiones sobre el excedente de alimento obtenido. La producción de granos, a diferencia del puntual superávit de carne generada en un feliz día de cacería, exige secado, almacenamiento y un sistema de distribución. Asimismo, este tipo de asentamiento humano planteó nuevos y severos problemas. La necesidad de solucionarlos determinó el surgimiento de tecnologías entre las que destacan cisternas, canales de riego, vasijas de cerámica, barro, piedras y maderas mejor trabajados para la construcción de viviendas perdurables, el concepto de medida tanto para la distribución de grano como para el del espacio físico dentro del poblado. No menos importantes fueron los implementos para moler el grano y los hornos para cocinarlo.

Es difícil saber si la domesticación precedió a la práctica agrícola o fue a la inversa. En todo caso, fueron complementarias. Disponer de animales domésticos, como el ganado vacuno, para obtener leche, halar o acarrear pesos elevados, y como fuente directa de alimento, fortaleció esta forma de vivir. De igual modo, la agricultura exigió nuevas herramientas y las azadas de piedras y hueso que Garrod encontró cerca de Jerusalén constituyen nuevos e importantes inventos. La construcción de casas estimuló la creatividad, lo que dio como resultado nuevas herramientas y nuevos materiales. Adoquines, escaleras, trabajo sobre la madera para construir puertas y ventanas, clavos y cuerdas para fijarlos. En síntesis, un profundo cambio técnico y social.

El experimento agrícola debió fracasar con frecuencia. Si bien es cierto que la inventiva humana fue estimulada y que pronto estas sociedades tuvieron a su disposición todo un nuevo bagaje tecnológico, también es cierto que esta nueva economía tenía, y aún tiene, flancos débiles. El dominio incompleto de sus técnicas, la selección inadecuada del suelo, un pobre conocimiento del clima, plagas y catástrofes naturales debieron haber condenado al fracaso un gran número de los esfuerzos iniciales. Jericó y Çatal Hüyüc son ejemplos de los éxitos iniciales; de los múltiples fracasos, posiblemente nunca encontraremos mucha evidencia.

Fueron necesarios varios miles de años antes de que la agricultura y la vida sedentaria se impusieran como un modelo económico y social ampliamente extendido. Entre el año 3.500 a. C., con los pueblos mesopotámicos, y el 1.200 a. C., con la cultura *Olmeca* en México y Las Shicras en Perú, un poblado más antiguo, aún bajo estudio, surgen asentamientos agrícolas en todos los continentes. La agricultura es más próspera en las riberas de los grandes ríos, como es el caso de Egipto y Mesopotamia, y a la orilla de lagos y planicies de aluvión. Tras el trigo vendrán la cebada, el maíz, el arroz y las papas como productos básicos para la alimentación; luego vendrán otros elementos de la dieta y plantas productoras de fibras, aderezos y colorantes.

La revolución del Neolítico hace destacar las diferencias entre geografías y culturas. Diez mil años después aún poseemos un planeta heterogéneo, un mosaico de culturas en distinto grado de evolución, que reflejan de algún modo las diferencias del entorno original. La revolución del Neolítico no ocurrió en un solo punto de la geografía para luego irradiar hacia los demás continentes. Fue el resultado de muchos eventos independientes sobre substratos culturales con sus propias peculiaridades. Las culturas del trigo, del maíz o del arroz, lejos de ser homogeneizadas por el uso de instrumentos y tecnologías dirigidas a un propósito similar, estuvieron aisladas durante milenios y evolucionaron por rutas culturales distintas.

Las tecnologías agrícolas no son las únicas novedades de este período. Durante el Neolítico, y antes del surgimiento de las grandes civilizaciones ribereñas del Medio Oriente y del norte de África, se desarrollaron tecnologías médicas. Restos de cráneos trepanados ilustran una búsqueda de soluciones quirúrgicas durante este período, y si bien no existen pruebas abrumadoras de ello, debemos suponer la existencia de ciertas técnicas básicas para la reducción de fracturas, entablillados y cierto tipo de vendajes. Las culturas neolíticas que sobrevivieron relativamente aisladas hasta nuestros días hacen uso importante de hierbas medicinales.

También, la conciencia sobre la vida y la muerte, característica única de nuestra especie, pronto determinó que la magia, la religión y la medicina se mezclaran y se compactaran en una nueva artesanía. La temprana mixtificación de las actividades que giraban en torno a la salud y la muerte, las dificultades intrínsecas al claro entendimiento de las raíces biológicas de la enfermedad, hicieron lento el progreso de las tecnologías médicas en relación a otras disciplinas. Resulta realmente paradójico, pero en el fondo explicable, cómo las culturas antiguas lograron tal dominio técnico sobre ciertos materiales inertes, mientras que por miles de años el sufrimiento de los vivos y la muerte fueron materia exclusiva de la magia y la religión.

En el primer caso, el hombre se enfrentó a materiales simples y logró resolver algunos principios físicos básicos, avanzó en forma acelerada creando tecnologías cada vez más elaboradas. Pero al abordar los problemas del cuerpo humano, la complejidad de la maquinaria biológica, el temor a lo desconocido y la misma conciencia de ser, pasaron a constituir barreras que serían vencidas lentamente. No menos importante fue la mayor facilidad para experimentar con plantas o animales, que hacerlo con sus congéneres.

Debemos volver sobre el efecto de la agricultura sobre la organización social. El cazador, nómada o residente temporal, vivía bajo una situación de déficit alimenticio continuo que lo obligaba a dedicar una elevada proporción de su tiempo a la búsqueda del sustento diario. Vive en un mundo simple y relativamente restringido. La agricultura genera por primera vez un superávit. También estimula la creación de un mundo de certidumbres temporales, de plazos y metas que deben ser satisfechos sobre lapsos definidos. Hay un tiempo para sembrar y otro para cosechar.

El tiempo adquiere un sentido distinto y la rítmica secuencia de siembra y cosecha abre unos espacios, a veces prolongados, que quedan disponibles para pensar, para buscar soluciones a los problemas pertinentes. Con la agricultura reciben un poderoso impulso la alfarería, la cestería y otros usos de fibras vegetales. La agricultura implica igualmente manejo de información, contabilidad, almacenaje y criterios de distribución. Con ella también nace la propiedad de la tierra, la herencia y las relaciones contractuales. El arte de conducir a un grupo, lo que hoy llamamos gobernar, también se hace más complejo. Ya no era suficiente ser ágil, fuerte y carismático, ahora el conductor también necesitaba tener capacidad para contar, medir y organizar.

Un respaldo confiable y permanente a la palabra es la gran motivación para el invento de la escritura y las primeras formas de notación matemática, dos tecnologías que impulsan la integración cultural y el paso de información de una generación a otra, esenciales para la construcción del mundo contemporáneo. El superávit induce al surgimiento de la profesión de comerciante y pronto esa actividad se expandirá incorporando transacciones entre poblados distintos. El intercambio comercial determina, además de transacciones con productos, flujo de soluciones tecnológicas e intercambio de patrones culturales. Quedan sembradas las bases para el desarrollo de las primeras grandes culturas.

El ritmo de la innovación

Todo parece indicar que biológicamente hemos cambiado poco en los últimos 5 mil años, pero el cambio cultural fue enorme. Después de la revolución agrícola del Neolítico la tasa de innovación se aceleró. La explicación de tan complejo proceso puede hacerse simple: las tecnologías persisten mientras son útiles, se acumulan y se integran en nuevas tecnologías. Son sensibles a la intensidad de la demanda, al tamaño de las poblaciones y al intercambio cultural y económico entre distintos grupos. Valorar las tecnologías resultó ser algo muy importante.

La creatividad no es un acto mágico e instantáneo, suele tener antecedentes que lo orientan. En la actualidad los investigadores cuentan con bancos de datos automatizados, libros, revistas, manuales, tradiciones orales, métodos de trabajo, auxiliares y una profusión extraordinaria de herramientas menores y mayores. En fin, están apoyados en una ya larga tradición de conocimientos científicos y de tecnologías que nutren las innovaciones. Aun así, el acto creativo original es poco frecuente. Muchos años de trabajo suelen transcurrir entre el día en que una nueva idea emociona a su creador hasta que la misma se transforma en una tecnología útil y reconocida.

En el pasado no existía tal cosa como el profesional de la ciencia o de la tecnología. Diversos integrantes del grupo participaban, cuando otras ocupaciones más urgentes lo permitían, en la búsqueda de soluciones o en el perfeccionamiento de una técnica ya dominada. Esta participación circunstancial, combinada con el reducido número de integrantes del grupo, lleva a Sprague de Camp a estimar que un grupo aislado del Paleolítico no estaría en capacidad de generar más de una innovación por generación, mientras que en la actualidad se registran varios miles de nuevas patentes por año y nuevos conocimientos teóricos se publican en decenas de miles de revistas científicas. También es cierto que en la actualidad viven simultáneamente 7 mil millones de personas, en el Neolítico alrededor entre 5 y 8 millones.

Durante el Paleolítico superior la población mundial no debió haber superado los 10 millones de habitantes, y con excepción de unos pocos artesanos la mayoría de ellos estaban casi exclusivamente dedicados a la búsqueda del alimento y el abrigo, indispensables para sobrevivir. Los grupos estaban aislados, encerrados en un microcosmos donde debían aferrarse, muy conservadoramente, a aquellas rutinas y técnicas cuyo valor para contribuir a la persistencia del grupo estaban comprobadas. Cualquier innovación se hace siempre sospechosa en un grupo pequeño y aislado y tiende a ser rechazada. De igual modo, las relaciones intergrupales del Paleolítico, previas a la existencia del comercio, eran esencialmente competitivas y seguramente muy agresivas.

La persistencia es un hecho notorio, en la actualidad coexisten, lado a lado las computadoras del siglo XXI con los cuchillos del Paleolítico; el transporte por tracción de sangre con los aviones supersónicos y los hornos de microondas con los de carbón. Así, los hombres del Neolítico heredaron muchas tecnologías y la revolución agrícola generó otras. La rueda se sumó a los animales de tracción para que surgiera la carreta. Los excedentes de alimento determinaron la necesidad de crear las medidas y los recipientes para su almacenamiento, lo que a su vez demandó soluciones arquitectónicas novedosas.

Es posible que muchas ideas y proposiciones tecnológicas del Neolítico, como sabemos que ocurrió en épocas más recientes, sólo pudieron ser implementadas cuando el hombre dominó ciertos materiales y fuentes de energía. Así como Leonardo da Vinci ideó submarinos y helicópteros y Julio Verne «inventó» el fantástico submarino del Capitán Nemo, cosas que en la actualidad existen, los hombres del Neolítico seguramente pensaron en cosas que nunca pudieron realizar.

Las cincuenta casas de Çatal Hüyüc albergaban tantos habitantes como los que contenían unas cinco tribus del Paleolítico. Después de Jericó aparecieron asentamientos cuyo número de habitantes era equivalente al de diez, veinte o cuarenta tribus juntas. La concentración humana multiplicó la tasa de innovación: más cerebros, más información, más experiencias transmitidas, más libertad de pensamiento, más tiempo para pensar y, sin duda, más problemas que resolver. Quizás pasamos de una situación en la que ocurría un invento cada diez generaciones, a uno por generación, luego a diez en cada una de ellas y así hasta nuestros días, en que los mismos se cuentan por miles cada año. En la Feria Tecnológica de Las Vegas, en el año 2012, dominada por electrónica e informática, la prensa hacía referencia a 20.000 nuevas aplicaciones o productos.

Los excedentes de ciertos productos y luego las manufacturas introdujeron relaciones positivas entre asentamientos humanos distintos. Del trueque de productos se pasó al intercambio de conocimientos. Un pueblo tenía trigo y agua, otro, animales domésticos. Alguno inventó la rueda y luego ambos contaban con los cimientos básicos de las primeras culturas agrícolas.

La carreta es una lógica derivación de la existencia de la rueda, los animales domésticos y productos que transportar. Así se fueron trazando las relaciones de sinergia de la tecnología. Sin cereal, el buey y la rueda, resulta difícil imaginar que alguien se hubiese tomado la molestia de estar diseñando carretas y en efecto, cuando alguno de esos elementos faltaba, la «familia» de tecnologías afectadas no progresó. Así, en América, la ausencia de animales domésticos de gran tamaño en las llanuras determinó que la rueda y la gran carreta estuviesen ausentes entre sus tecnologías básicas. En el extremo norte la solución al transporte fueron perros y trineos: en las montañas de Perú y Bolivia cinchas y aperos para las llamas que trepaban por los empinados riscos.

La guerra, otro invento peculiar de la humanidad, era frecuentemente una modalidad de interacción. Pero para bien o para mal también fue una motivación para el ingenio. Las pugnas entre cazadores derivaban de la competencia por recursos limitados: espacios y piezas de cacería que en síntesis significaban alimento. El resultado tenía un final obvio: la muerte o expulsión de los competidores y para ello mejores y más eficientes armas constituían una necesidad. La competencia por la tierra, en particular por los suelos fértiles próximos a fuentes de agua, fue la siguiente motivación.

La mano de obra adquiere valor bajo un nuevo sistema económico en el que, bajo ciertas circunstancias, más gente no significa necesariamente menos comida, como ocurría entre los cazadores. La esclavitud comienza a surgir como una alternativa para el derrotado, quizás menos digna que la muerte para algunos, pero evidentemente más productiva. Los derrotados pasaron a trabajar la tierra, a realizar labores domésticas o practicar diversas formas de artesanía, y en cualquiera de las tres funciones se estimuló el proceso de integración cultural junto a sus conocimientos. El adversario muerto desaparecía junto a sus conocimientos; el opositor esclavizado pasaba a colocar su experiencia al servicio del triunfador. En Grecia, Egipto y Roma hubo épocas en que la mano esclava era la principal poseedora del conocimiento tecnológico.

La naturaleza de la demanda es el otro factor que regula la tasa y las características de la innovación. La humanidad se ha movido a lo largo de un *continuum* de retos y exigencias que evolucionan. Durante el Paleolítico y los primeros tiempos del Neolítico existe una estrecha relación entre las características del ambiente natural y los retos o problemas más importantes. Así como distintas presas establecieron la necesidad de diseñar diferentes estrategias, tácticas y tecnologías para su captura, distintas geografías, climas y plantas hicieron lo mismo. Dardos envenenados porque existía la planta de la que se extraía el veneno; trampas grandes o pequeñas, lanzas, flechas y mazos para capturar animales terrestres, arpones y redes para los acuáticos. Difícil esperar que un pueblo montañés diseñe complejas artes de pesca o que un ribereño dedique tiempo y esfuerzo a domesticar una vicuña. Tan pronto profundizamos sobre la ecología de cada uno de los pueblos encontramos el carácter adaptativo de sus tecnologías.

Pero en el Neolítico y los tiempos que inmediatamente le sucedieron, esos retos o demandas cambian súbitamente. Derivan menos del entorno y más de la misma organización que el hombre está creando. El ambiente sigue, hasta nuestros días, generando presiones que requieren una solución tecnológica, pero la gran novedad que trae la revolución del Neolítico es el surgimiento de la demanda de servicios: casas, calles transporte, formas de comunicación, agua corriente, sistemas de seguridad, mecanismos de distribución de bienes.

Las comparaciones entre el Paleolítico y el Neolítico, entre las distintas geografías y climas en relación con la tasa de innovación pueden ser extrapoladas a ciertos patrones actuales. Sigue siendo un elemento negativo en la generación de tecnología, el aislamiento, el reducido número de habitantes o la posesión de un clima benigno con grandes recursos naturales. Son factores que contribuyen a profundizar la brecha entre naciones con distinto grado de desarrollo. Pero existe una diferencia fundamental y es que en la actualidad contamos con un acervo tecnológico global y disponible que nos permite violentar las reglas básicas del desarrollo histórico de la tecnología. En nuestros días la inversión dirigida, el uso adecuado de la información y la explotación de ventajas comparativas, puede compensar el reducido número de habitantes o la inexistencia de presiones climáticas. Ahora es un asunto de estrategia y políticas públicas.

Capítulo 3

Sumerios y olmecas

La excavación de las tumbas reales de Ur se inició en 1920 bajo la dirección de Leonard Wolley. Estas tumbas fueron construidas hacia el año 2800 a. C. y en ellas resultan evidentes las innovaciones como las bóvedas de arco y las cúpulas. La arquitectura de Ur también estuvo adornada con flores de oro con tallos de plata, y sus habitantes usaron pendientes, collares y joyas de lapislázuli. Ur, la patria legendaria de Abraham, se encontraba muy cerca del Golfo Pérsico y fue habitada por más de 2.000 años, hasta que aproximadamente en el año 400 a. C. fue abandonada.

Su actual ubicación, a un centenar de kilómetros del Golfo Pérsico, obedece al largo y continuo proceso de sedimentación erosiva y los materiales acarreados por los dos grandes ríos mesopotámicos, el Eúfrates y el Tigris. Este último recorre cerca de 2.000 kilómetros desde su nacimiento en las montañas de Armenia y con su río gemelo, el Eúfrates, forma el arco oriental de la antigua *media luna de las tierras fértiles*. Esta banda ribereña fue la cuna de las primeras grandes civilizaciones de la humanidad: sumerios, asirios, caldeos, medos y persas que se sucedieron durante los primeros milenios. De ellos dimana parte sustantiva del legado cultural de la humanidad. Hoy, esta amplia geografía muestra las cicatrices del impacto del hombre a lo largo de casi 6 mil años, como son la desertificación y la sedimentación.

En Ur, de acuerdo con algunos autores, se encuentra la cuna de la llamada «civilización occidental», esa mezcla de tradiciones, tecnologías, religiones y conocimientos que marcan el acontecer cotidiano de Europa, América y parte de África. La influencia de los pueblos mesopotámicos se expandió primero hacia las riberas del mar Mediterráneo así como los ríos y valles aledaños; luego alcanzó zonas periféricas del Medio Oriente, África del Norte y sur de Europa. Al margen de su influencia quedaron las zonas peninsulares de Asia, parte del centro y sur de África, América y las remotas islas de Oceanía, hasta que las tecnologías del transporte vencieran las distancias a partir del siglo XVI.

A miles de kilómetros del Tigris, cerca de otro gran río, el Coatzacoalcos, surgió la cultura olmeca, los sumerios de América. Las gigantescas cabezas de piedra de Veracruz y Tabasco, sus elaborados detalles y adornos que aún se pueden discernir, son indicativos de una avanzada cultura que ocupó diversas localidades del golfo de México a partir de unos 1.600 años a. C., en las proximidades de los ríos Papaloapan y Coatzacoalcos.

La comparación es tan válida para ilustrar la historia y las corrientes culturales que se amalgamarán a partir de 1492 d. C., como para rescatar elementos de nuestro linaje cultural. Cerca de los sitios donde vivieron olmecas y sumerios, los paisajes contrastantes de una y otra geografía están ahora matizados por balancines y oleoductos que extraen y transportan petróleo hacia las naciones industrializadas. Desde lugares próximos a Ur y La Venta, fluye el petróleo hacia países cuyos pobladores tienen hoy los niveles más altos de vida, pero que eran cazadores paleolíticos cuando olmecas y sumerios inauguraron eso que usualmente llamamos civilización.

Las primeras grandes culturas

Los sumerios desarrollaron la escritura cuneiforme, edificaciones como los zigurats, en las que se mezclaba la magia con la astronomía, y construyeron ciudades cuya magnitud constituye la mejor prueba de su amplio dominio sobre las tecnologías agrícolas, la irrigación y el drenaje de suelos. Seis ciudades-estado (Ur, Uruk, Lagash, Larsa, Kish y Nippur) unificadas por el último monarca sumerio (Lugalzagesi, 2365-2340 a. C.) definen este período. Este ciclo, ciudades estado-primero, imperios después, se va a repetir sistemáticamente a los largo del Tigris, del Eufrates y del Nilo; en las islas griegas y también en las culturas orientales y americanas. En cada caso los núcleos iniciales, ciudades-estado, se desarrollan a partir de un exitoso asentamiento agrícola, con una urbe que concentra el poder político, militar y religioso. Luego, con frecuencia, mas no siempre, ceden ante organizaciones más numerosas que ocupan un mayor espacio físico.

En cada caso, una de las fuentes de esa concentración humana es el dominio de ciertas tecnologías; asimismo, la persistencia, o la ruina van a depender de la correcta aplicación de esos conocimientos y técnicas. En los valles del Tigris y del Eufrates surgió por primera vez el concepto de administración organizada de la tecnología al presentarse los conflictos aguasarriba, aguas abajo. De esta época, se ha especulado, procede la leyenda del diluvio universal, una tragedia que sepultó a Ur bajo millones de toneladas de fango.

Leonard Wooley levantó en 1929, capa tras capa, las ciudades que habían sido construidas sobre Ur a lo largo de casi 4.000 años. Al final, debajo de una banda uniforme de arcilla de casi 2,5 metros de profundidad, encontró Ur. Hacia el año 2700 a. C. una tremenda inundación sepultó a esta ciudad y muy probablemente las causas de la misma no fueron naturales. Ur fue víctima de su propio desarrollo, de la aplicación de tecnologías agrícolas aparentemente exitosas sobre plazos cortos, pero fatales a la larga. Es factible que la extensión de los cultivos en los valles aguas arriba de Ur determinaran procesos de erosión que eventualmente sepultaron la ciudad bajo el fango arrastrado por las aguas.

Además de la escritura cuneiforme, los sumerios desarrollaron un calendario de notable precisión y un sistema sexagesimal de medición: utilizaron el cobre fundido y el oro, desarrollaron una rica alfarería cuya influencia puede observarse hasta los valles del Indus y en la meseta persa, e incluso llegaron a explotar algunos yacimientos de piedras preciosas. Los sumerios luego son sometidos por los acadios, un pueblo procedente del norte hacia el año 2350 a. C. Éstos, a su vez, fueron sustituidos por los asirios, otro pueblo guerrero que asimila la cultura súmero-acadia y extiende el imperio desde el Golfo Pérsico hasta las cabeceras de los grandes ríos.

Hacia el año 1700 a. C., Babilonia comienza a crecer, se transforma en una gran ciudad y apenas doscientos años después los hititas, poseedores de una nueva tecnología, el hierro, incursionan en los valles mesopotámicos. Los asirios absorben a este pueblo y su tecnología, lo integran a su cultura agrícola y configuran el llamado Reino Asirio Medio (1380-627 a. C.), que persiste por unos siete siglos hasta que los caldeos y los persas deciden moverse al sur e instalarse en Babilonia.

Además de las inundaciones y del gradual proceso de sedimentación en las bocas del Tigris y del Eufrates, la salinización jugó un papel importante en el ocaso de estos pueblos y seguramente en la geopolítica local por varios siglos. Existe evidencia que documenta procesos locales de salinización en fecha temprana como el año 2100 a. C. hasta el 1700 a. C. Luego, de acuerdo con Calder, la salinización alcanzó la zona central de Irak hacia el siglo XIII de nuestra era. El proceso determinó en una primera etapa la gradual substitución del cultivo de trigo por el de la cebada, así como una gran reducción de la fertilidad de la zona.

Hacia el año 3500 a. C. se cultivaban trigo y cebada a partes iguales; hacia el año 2100 apenas el dos por ciento de los campos albergaban trigo y para 1700 a. C. amplias zonas de cultivo habían sido completamente abandonadas. Las fuentes de alimento se ubicaban cada vez más lejos de los asentamientos y esto explica en cierta forma la persistente expansión de estos imperios. Por otra parte, las crónicas agrarias de Girsu indican para el 2400 a. C. una producción de 2.500 litros por hectárea, trescientos años después, la misma se había reducido a 1.400 y finalmente para el año 1700 a. C. la producción era inferior a 900 litros. Tal deterioro en la productividad ocurrió por la presencia de abundante sodio, calcio, magnesio y otros elementos en el agua de riego. El sodio disuelto en el suelo emerge cuando hay exceso de riego y sumado al acarreado por el agua de numerosos canales construidos en la zona y procedente de laderas cada vez más erosionadas, determinó la gradual salinización. Así declinaron estas primeras civilizaciones, creadas por el dominio de una nueva tecnología y destruidas por el efecto de la misma sobre el ambiente.

Las cicatrices de la revolución agrícola se encuentran en las montañas de Israel y Turquía, dominan en las llanuras de Castilla, Chipre Cerdeña y Malta. Buena parte del Mediterráneo oriental, el norte de África y el sur de Europa. Deforestación, erosión, salinización y desertificación constituyen también parte de la herencia que nos dejaron las primeras civilizaciones. Huellas de una tecnología que construyó imperios y que también los ayudó a desaparecer. La historia de Ur se repite, con sus particularidades, en América, donde las investigaciones recientes ubican en los problemas ambientales, desde el agotamiento de los suelos hasta la eliminación de los bosques, el declinar de las ciudades mayas (Copán, Palenque, Chichén-Itzá y otras) así como otros grandes centros urbanos como Teotihuacan.

Pero el declinar de estos grandes imperios no fue de ningún modo el resultado directo del deterioro de los suelos agrícolas. La ausencia de otras tecnologías tuvo tanta responsabilidad como el abuso de las conocidas. Al agruparse en urbes de tamaño cada vez mayor y simultáneamente alterar ciertos equilibrios ecológicos, surgieron las epidemias. Los grupos cazadores obviamente sufrían, como todos los seres vivos el efecto de las enfermedades transmitidas por contacto directo o por los insectos. Pero en cualquiera de los casos, el reducido tamaño de las poblaciones, las grandes distancias que separaban a un grupo de otro y el mismo carácter seminómada contribuían a reducir el riesgo de importantes epidemias. Luego, las grandes ciudades del albor de nuestra historia fueron frecuentemente diezmadas por epidemias de peste bubónica, difteria, viruela y tuberculosis. El paludismo era crónico entre los agricultores. La epidemia pasa a ser un evento recurrente a lo largo de toda la historia, desde Ur hasta el siglo XX. La inexistencia de una tecnología médica adecuada constituyó un freno de magnitud inconmensurable en el desarrollo de muchos pueblos.

El dominio de la tecnología del hierro por parte de los hititas ha sido empleado por algunos autores para discriminar etapas en el discurrir histórico. Munford, por ejemplo, acuñó términos para describir el dominio sucesivo sobre ciertos materiales o procesos. Estas fases corresponden al uso del agua, de la madera y del viento (eotécnica); el carbón y el hierro (paleotécnica); la electricidad y las aleaciones (neotécnica), y finalmente los pesticidas, vacunas, fertilizantes y antibióticos (biotécnica). Sin embargo, existen tantas imbricaciones históricas en estos procesos que es realmente difícil establecer una secuencia precisa. Así, muchas biotecnologías son previas a la obtención del hierro o a la generación de electricidad. Aun en la ausencia de una cronología precisa, biotecnologías como las fermentativas (cerveza, queso, vino) se encuentran entre las posesiones más antiguas del hombre.

Sin duda alguna el dominio de la tecnología del hierro introdujo cambios sustanciales. Otros metales, como el oro y la plata, carentes de las propiedades de hierro, fueron desde el principio orientados esencialmente hacia el ornato, y la relativa simplicidad de su extracción encontró en su escasez y maleabilidad obstáculos permanentes. El cobre y luego el bronce ampliaron notablemente el horizonte tecnológico, pero es sin duda el hierro, con su rigidez, dureza y versatilidad, el elemento sobre el cual se basarán nuevas civilizaciones. Junto al hierro, el mortero, el granito, la piedra volcánica y luego el cemento romano, estarán sentadas las bases del mundo moderno.

La difusión de las tecnologías primigenias del hierro se inició aproximadamente en el siglo XIII a. C., bajo los reinados de Asurnasirpal y Asurbanipal, es decir, el lapso que va desde el florecimiento de Nínive hasta los caldeos, y marca el inicio de la expansión de las culturas mesopotámicas hacia el resto de la cuenca del Mediterráneo.

Volvamos por un momento la mirada hacia América. Entre los actuales estados mexicanos de Veracruz y Yucatán drenan ríos que nacen de las estribaciones del altiplano y mueren en el golfo de México. Se trata de una zona tropical, aún con manchas de la densa vegetación que cubría suelos menos fértiles que aquellos donde nacieron las culturas mesopotámicas. Los ríos más importantes son el Papaloapan, al norte, el Coatzacoalcos, en el centro, y el Umacinta, en el sur. Este último marca límite de la península de Yucatán, donde alcanzaría plenitud la cultura maya.

En esta zona, hacia el 1600 a. C., es decir, hace unos 3.700 años, se inició el desarrollo de la cultura olmeca, que fue precedida por pueblos que ya cultivaban el maíz; pero los grandes monolitos y otras evidencias son indicativas de que los olmecas fueron la primera gran civilización americana y posiblemente los primeros en dominar la escritura como lo ilustra el llamado Bloque de Cascajal, descubierto hace apenas un año y datado en aproximadamente 900 años a. C.

Los antecedentes olmecas son poco conocidos, pero en la localidad del Chayal (Guatemala), a menos de 300 kilómetros de los sitios clásicos de La Venta, San Lorenzo y Tres Zapotes, se han encontrado piezas de obsidiana (flechas, cuchillos y hachas), así como evidencias del cultivo del maíz. Estos restos han sido datados y su antigüedad no es menor a 2.000 años a. C. Otras pruebas de la existencia de culturas agrícolas en América proceden del sur del continente, cerca de Valdivia y probablemente en Perú (Caral y Valle de Chancay). Algunos expertos aseguran que entre los años 3000 y el 2000 a. C. la agricultura se extendió por amplias zonas del continente.

A diferencias de las riberas del Tigris, del Eufrates y del Nilo, la historia mesoamericana, la mejor conocida del Nuevo Mundo, se muestra desgarrada en su continuidad. Por razones difíciles de explicar no se estableció una solución de continuidad cultural como la que enlaza a Ur, Babilonia y Nínive. Es posible que la reducida fertilidad de las tierras tropicales, algo que recientemente ha sido puesto en evidencia, haya determinado, desde el comienzo, procesos periódicos de migración.

Cuando el padre Landa entró en contacto con los mayas, en los albores del siglo XV, describió prácticas agrícolas caracterizadas por un ciclo de tala y quema con barbechos de cuatro a quince años entre cada cosecha. Mantener sin producir amplias zonas por lapsos tan largos como quince años, como única solución al rápido empobrecimiento de los suelos, debió constituir un gran estímulo a la migración periódica. Quizás esto explica lo efímero de algunos grandes asentamientos, algunos cientos de años, así como la abundancia y separación geográfica de las ciudades-estado mesoamericanas (Tikal, Copán, Palenque, Chichén-Itzá, Mitla, Monte Albán, Xochicalco, Teotihuacan y muchas otras).

Los vínculos entre los olmecas y mayas han sido claramente definidos por las manifestaciones artísticas comunes y el famoso «calendario maya», que realmente es un invento olmeca. El tiempo y los números fueron una obsesión entre los olmecas y los mayas. Por una parte desarrollaron un sistema vigesimal muy simple en su simbología y complejo en su estructura. Asimismo, desarrollaron los conceptos matemáticos de *cero* y *nada,* y construyeron el primer sistema numérico posicional; si el mismo resulta en la actualidad una simple curiosidad histórica, es porque el sistema inventado en la India y luego desarrollado por los pueblos árabes se impuso globalmente, por su mayor eficiencia.

El sistema maya permitía con cierta agilidad realizar sumas, restas, multiplicaciones y divisiones. Estaba basado apenas en tres símbolos: el punto es para el uno, la barra para el cinco y un símbolo parecido a una nuez para el cero o nada. En la primera fila la barra y un punto equivalen a seis, en la segunda es 25 y así sucesivamente. El dominio de esta técnica es indicativo de dos actividades que dominaron el mundo maya: el comercio y la religión. El calendario maya es realmente complejo. Existen años cortos de 260 días, años largos de 365 que a su vez se integran por 18 meses de 20 días y cinco días «fatales» al final. Luego hay ciclos de 52 años y, superimpuesto a todo esto, otros grandes ciclos de 23 baktuns donde cada uno posee 144 mil días. Cada baktun estaba a su vez compuesto por 20 katuns o 20 tuns de 360 días.

Los mayas parecieran haber ingresado en una especie de fase contemplativa con sus complejas matemáticas y buena parte de este esfuerzo intelectual pudo haber sido destinado a cálculos de escasa aplicación práctica. Ajustaron con increíble precisión los meses lunares y el calendario solar. El cálculo del mes fue de 29,53020 días; hicieron algo similar con Venus y establecieron un calendario venusino heptanual. Para el ciclo venusino calcularon 584 días y las cifras actuales para el mes lunar y la órbita de Venus son respectivamente 29,53058 y 583,92 días. Todo esto fue incorporado a la teología y ritos que estaban exclusivamente en manos de los sacerdotes.

Poco ha trascendido sobre el uso de este sistema de cómputo a otras actividades. Es probable que el mismo fuese aplicado a mediciones de tierra o a las transacciones comerciales, pero las mitologías y la religión constituyen los motivos dominantes, así como eventos épicos vinculados a los reyes, como los que adornan las exquisitas estelas de Copán y otros documentos de piedra.

Olmecas, mayas y otros pueblos de México y del resto de Mesoamérica dominaron una diversidad de cultivos entre los que destacan el maíz, varios tipos de chile (ají, pimientos), calabazas, frijoles y diversas plantas aromáticas. El cultivo del algodón y la explotación de fibras de varias especies de agaves permitieron igualmente una rica industria de tejido con bizarros dibujos y llamativos colores. Desde el preclásico maya la alfarería es vistosa y compleja. Luego vendrán pirámides y otras edificaciones que reflejan el dominio de difíciles técnicas arquitectónicas. El Popol Vuh ilustra la existencia de una interesante mitología donde abundan elementos de la estrecha interacción del hombre americano con la naturaleza tropical y sus frutos.

Su desarrollo tecnológico es casi paralelo al de los sumerios y otros pueblos de Mesopotamia. Piedras, entre las que domina la obsidiana, para aserrar, cavar y cortar; martillos, instrumentos para raspar y pulir. Finas agujas para coser; bastidores para hilar. Los metales de piedra y las «manos» para la molienda del maíz se encuentran desde el norte de México hasta Chile. También diseñaron taladros, arcos para perforar y técnicas para medir pesos y volúmenes.

Desarrollaron una rica arquitectura y una pintura mural muy elaborada. La sociedad estaba muy estructurada, con sus castas de guerreros y sacerdotes, una clase media de comerciantes y agricultores libres y, como en el caso del Viejo Mundo, también los esclavos.

Son evidentes grandes diferencias, y éstas posiblemente puedan explicar por qué fueron los pueblos del Viejo Mundo, y no los del nuevo, los que finalmente cruzaron el Atlántico en el siglo XV. Por una parte el hierro no fue utilizado por razones que aún son oscuras. El cobre se populariza apenas hacia el período posclásico, es decir unos 1.000 años d. C., en plena Edad Media europea, pero la piedra seguía siendo el material básico hasta la llegada de los conquistadores. Tampoco se inventó la rueda y si bien se encontraron ingeniosas soluciones para el transporte de objetos pesados y para las comunicaciones, como un eficiente sistema de correos a pie, debemos admitir que la inexistencia de animales de gran porte como caballos, burros y vacunos resultó ser una carencia notable en el desarrollo tecnológico.

Tampoco se aventuraron demasiado en el mar y pese a la existencia de numerosos pueblos de pescadores que recorrían el golfo de México y colonizaron las islas del Caribe, no hay evidencia de técnicas avanzadas de navegación. No es demasiado aventurado señalar que la diversidad de los frutos y semillas cultivados, como maíz, calabazas, aguacates, tomates, frijoles, lechosa, cacao, pimientos y otros, así como las numerosas plantas, pequeños animales y peces disponibles, generaron muchas alternativas. Mientras que en el Viejo Mundo climas más severos sumados a faunas y floras menos diversas, pero más abundantes, constituyeron un estímulo a la inventiva. Quizás simplemente las culturas americanas no tuvieron tanto tiempo como del que dispusieron las del Viejo Mundo para desarrollar y madurar sus tecnologías, quizás faltó ese *tiempo para pensar* que permitió la emergencia de los griegos y su profunda conceptualización del universo.

Capítulo 4

El hombre aprende a pensar

Auge y decadencia de los primeros imperios agrícolas

Los sumerios inventaron el ladrillo y utilizaron por primera vez el asfalto como material adhesivo y de relleno en sus edificaciones. Otras soluciones ingeniosas fueron los vástagos, uno superior y otro inferior, que permitían el giro de las puertas al ser encajadas en horadaciones de piedra. La construcción de canales, reservorios de agua y acueductos alcanza en Nínive un extraordinario desarrollo bajo el gobierno de Senaquerib hacia el año 690 a. C. Sin embargo, el transporte de agua no podía hacerse siempre por simple gravedad y por superficie, de modo que surgen poleas y grúas que, asociadas a distintos de recipientes y fuertes cuerdas, vendrán a solucionar el problema. Los armenios inventaron el acueducto subterráneo, el qanat, y en tiempos de Sargón II, hacia el año 750 a. C. la idea fue aplicada en Asiria.

El transporte de gente y alimentos y las frecuentes conflagraciones también resultaron ser incentivos importantes para el desarrollo técnico. La evolución de ejes, ruedas y carretas ocurre con celeridad; primero ejes y ruedas constituyen una sola pieza, luego pasan a ser partes independientes de un sistema mecánico más eficiente. Las ciudades amuralladas, una de las primeras formas de defensa, estimularon a su vez innovaciones en la tecnología de guerra. Torres rodantes reemplazaron las primitivas estructuras de asalto y luego, mediante la adición de troncos basculantes y plataformas, las transformaron en eficientes estructuras de demolición y asalto. La domesticación del caballo abrió nuevas alternativas para la guerra y para el transporte, y en las vasijas asirias podemos encontrar ilustraciones de los primeros carros de guerra.

La pavimentación constituye otro invento mesopotámico. Al comienzo su uso, como ocurrió en el caso de los mayas, que también construyeron rutas pavimentadas, era probablemente sacramental. Así, las primeras calles pavimentadas con piedras planas y ladrillos tenían un empleo limitado. Tanto así que, Sprague de Camp señala que en tiempos de Senaquerib fue promulgado un decreto que condenaba a muerte por empalamiento a quien estacionara su carreta en el real camino pavimentado, una solución que a veces parecería conveniente aplicar a los conductores desconsiderados de nuestros días.

Los artesanos mesopotámicos basaban en el ladrillo, las fibras y la madera su inventiva arquitectónica; los egipcios lo hicieron sobre piedra caliza. En América, desde la piedra volcánica hasta el duro granito, con argamasa y cúpulas de madera fueron los materiales de Tenochtitlán, Copán, Mitla, Xochicalco, Chichén-Itzá, Cuzco y cien ciudades más.

Ocaso de los primeros imperios

Aislados del bullicioso y densamente poblado Medio Oriente, los egipcios, bendecidos por la regularidad de los desbordes del Nilo, construyeron otra impresionante cultura a lo largo de más de 3 mil años. Con extraordinaria paciencia, abundante mano de obra y escasos instrumentos, van rompiendo la uniformidad de las planicies cercanas al Nilo con impresionantes estructuras de piedra pulida. Enormes rocas calizas son arrastradas sobre la arena con ayuda de trineos y lubricación de la zona de contacto entre la madera y la arena. Al igual que otros pueblos, pero exagerando en forma notable las expectativas sobre otra vida, buena parte de los grandes monumentos corresponden a tumbas que le otorgan a

Egipto el aire místico que ha generado tantas fantasías en torno al origen de las pirámides.

El acarreo de las grandes piedras fue esencialmente logrado por un sistema de trabajo forzado, estimulado tanto por las creencias religiosas como por los latigazos de los jefes de cada cuadrilla. Duchos artesanos, amplias balsas de transporte, rampas y canales configuran el paquete tecnológico que permitió la construcción de estas fantásticas estructuras. En Egipto, como en la mayoría de las culturas antiguas, el artesano no tenía una posición social muy relevante y con frecuencia esas actividades eran ejercidas por esclavos. Sin embargo, algunos faraones distinguieron a los arquitectos y constructores más importantes otorgándoles cierto grado de nobleza, pero nunca surgió nada parecido a una tecnocracia. En todas estas culturas el poder se alternó entre guerreros y sacerdotes, o reposaba en un híbrido de ambos. En Egipto, como en los pueblos mesopotámicos, las sociedades urbanas adquirieron una rígida estructura con clases cerradas y escasa movilidad social.

Bajo Ramsés II (o Ramesses II, 1303-1213 a. C.), quien gobernó por 66 años, la arquitectura egipcia y en general el arte, alcanza su máxima expresión. En la actualidad se piensa que Ramsés II practicó activamente el «culto a la personalidad», llenó Egipto con sus estatuas, entre las que destacan las de Abu-Simbel y las fantásticas columnas del Ramasseum, en Tebas.

Cuando los persas inician la conquista de la *media luna de las tierras fértiles*, ya los pueblos mesopotámicos y Egipto estaban dando muestras de decadencia. Las tecnologías agrícolas primigenias habían madurado y entraron en una fase de senescencia; una estructura social cerrada determinó la existencia de un reducido núcleo de beneficiarios de la riqueza, sacerdotes y jefes guerreros y una enorme masa de agricultores, artesanos, empleados domésticos y esclavos que no tenían mayor motivación para la creatividad.

El impulso inicial de la revolución agrícola se va perdiendo. La guerra sigue siendo un motivador de la creatividad y aunque persisten muchas demandas sociales que satisfacer, la rutina establecida por los estrictos códigos de conducta, la castración de la individualidad sumergida en la masa de menesterosos y la acumulación de poder en una aristocracia ociosa y con frecuencia corrupta van generando la primera gran crisis de creatividad de la historia.

En Mesopotamia y en Egipto la sociedad evoluciona hacia una pirámide de cinco categorías básicas: los reyes, reyes-sacerdotes, sacerdotes, aristócratas, burócratas y guerreros son el ápice de la misma; los comerciantes, agricultores libres y pastores constituyen la parte media y todos se apoyan sobre el quinto grupo, los esclavos. Los artesanos pueden estar vinculados a los comerciantes, a los agricultores o a los esclavos de acuerdo con el tipo de actividad realizada. En algunos casos surgen ciertas normas que apuntan hacia una organización de trabajo artesanal, pero las mismas nunca alcanzan a definir una clase social con límites claros. Por ejemplo, en Nínive se desarrollan «escuelas» para otorgar entrenamiento artesanal a los esclavos, incluso entre las fuentes de esclavitud se encontraba precisamente el entrenamiento artesanal. Así, un padre podía «ubicar» a su hijo como esclavo de un artesano calificado mientras durase su entrenamiento y luego pagar algunos años de servicio como contraprestación por ese entrenamiento. Este tipo de relación, con sutiles variantes, va a persistir por varios siglos.

El sistema social de castas alcanzó su expresión más negativa en la India. Aquí se llegó al extremo de aislar genéticamente a cada casta. Obviamente para el estrato superior, nuevamente guerreros y sacerdotes, no existían límites sexuales, pero sí para los restantes. Se desarrolla una cultura en la que el conformismo y la fatalidad eran rasgos importantes. Cada una de las antiguas religiones se desarrolló sobre cauces similares en lo que a sus efectos sobre el desarrollo de la ciencia y tecnologías se refiere. Sumisión ante un amplio panteón de complejos dioses, subordinación de cada acto cotidiano a una determinada voluntad divina y la proclama, muy útil para las clases gobernantes, de una vida mejor después de la muerte.

Los templos se transformaron, en muchos casos, en la cabeza burocrática de estos imperios. No se limitaba su función a la adoración de una determinada deidad, era también oficina de registro y estadística, centro de consulta y decisión en las grandes y pequeñas cuestiones personales o de Estado. También jugaban el papel de tribunales, oráculos, observatorios y escuelas: un creciente atentado contra la creatividad y el desarrollo de las técnicas. Las tecnologías existentes fueron sacralizadas y adheridas a una autoridad religiosa que tenía poder de vida o muerte. ¿Quién se atrevería a innovar? Nuevamente había desaparecido el tiempo libre, los lapsos para crear con libertad. El hombre libre y creativo fue gradualmente devorado por las fauces de la superstición. Se supone que buena parte de las numerosas estatuas y grabados con su nombre indican que Ramsés II decidió ser venerado como una deidad mientras aún estaba vivo.

Pero por fortuna, aunque casi siempre la historia los dibuja como victimarios de grandes culturas, siempre hay por allí algún pueblo bárbaro e irreverente dispuesto a cambiar su azarosa forma de vivir. Los persas fueron un pueblo con ágil caballería, códigos más liberales y desprovistos del peso de las tradiciones. Se lanzan contra lo que queda de Mesopotamia y el aún refulgente Egipto. Cuando inician su avance, la ortodoxia es la norma tecnológica entre los artesanos del Medio Oriente.

Por varios siglos las cosas se vienen haciendo exactamente igual. Se pule con paciencia cada piedra y se busca el ajuste milimétrico entre las mismas. Los ladrillos son más elaborados y las piedras están cada vez mejor pulidas, pero siguen siendo las mismas piedras y ladrillos distribuidos de acuerdo con cierto estilo y norma que se ha convertido en ritual. Existía seguramente un premio a la diligente ortodoxia y quizás hasta un castigo al aprendiz o artesano que imaginaba una solución distinta a la establecida.

El imperio caldeo cayó finalmente en el año 538 a. C. y poco después Egipto, que había sido conquistado por los caldeos al mando de Nabucodonosor, también era dominado por las huestes de Ciro. La invasión persa ocurre en forma simultánea al desarrollo de una serie de pequeños asentamientos en la costa de Asia Menor. Estos pueblos marítimos, pescadores y comerciantes, habían ocupado lentamente bahías e islas en el Mediterráneo oriental por varios siglos. Primero los fenicios y el curioso pueblo de Creta, que aparentemente desarrolló una cultura aislada del continente por más de mil años; luego otros grupos procedentes de la península de los Balcanes y de lo que hoy es Turquía fueron creando ciudades de importancia creciente.

Estas ciudades-estado, Troya, Tiro, Creta y hacia el año 800 a. C. también Cartago, preservaron su independencia y su carácter comercial por muchos siglos. De estos puertos e islas surgieron muchas innovaciones en la tecnología marítima y, además de ser centros de comercio, se diseñaban y construían barcos. Las mismas características del mar Mediterráneo, débiles corrientes, tenues vientos y aceptable clima, determinó que la técnica se orientara fundamentalmente a la impulsión por remo. Si bien las velas fueron utilizadas, será necesario el paso de muchos siglos antes de que ocurran cambios revolucionarios en este particular. Existe un curioso parecido entre las naves utilizadas por los egipcios, cartagineses, romanos y venecianos durante casi 2 mil años.

La revolución comercial

Las pequeñas ciudades-estado de la costa se desarrollaron al margen de los grandes imperios de la antigüedad. Aunque las relaciones entre las mismas nunca fueron del todo pacíficas y el comercio y la piratería se confundían, lo importante es que lograron escapar a la estricta regulación social de los grandes imperios. Distintos a las culturas alimentadas por los grandes ríos, que estaban firmemente apegadas a la tierra que producía el trigo y la cebada, estos nuevos pueblos son una heterogénea mezcla de marinos, comerciantes, mercenarios, piratas y pequeños propietarios de barcos. Se desarrollan sobre una geografía más difícil y sus habitantes sobreviven gracias a actividades menos predecibles que la agricultura, aunque sin duda también la practicaban. Estos asentamientos son estimulados, al regreso de cada navío, por los relatos de nuevas experiencias y gente de lenguas, colores y ropajes distintos. Ocurre una apertura de los horizontes mentales.

Hacia el año 640 a. C. hace su aparición, en Lidia, la moneda como la conocemos en la actualidad, y comienzan a ser cada vez más frecuentes los documentos para registrar transacciones comerciales de diverso tipo. Sin embargo, tanto el concepto de moneda como el de banco son mucho más antiguos, posiblemente hacia el segundo milenio antes de Cristo. Como moneda se emplearon metales, y tanto en Babilonia como en Egipto existieron grandes almacenes públicos donde el grano era recibido y retirado contra «documentos» que garantizaban la propiedad y las transacciones efectuadas. Esto implicaba también el empleo de medidas de precisión razonable.

Se va gestando una clase social distinta que al no estar atada a la tierra, y al no tener acceso al sacerdocio u a otras formas de poder, se mueve y piensa con mayor libertad. Hay un nuevo tiempo para pensar y ahora es factible hacerlo desde otra perspectiva. Pero ese nuevo movimiento intelectual no se gesta exclusivamente en la ciudades-puertos de la periferia de los grandes imperios, también en el interior de los mismos ocurren fenómenos sociales que estimularán el cambio. Los artesanos comenzaban a crear las primeras agrupaciones para defender sus intereses, de hecho los primeros gremios. La aristocracia crecía y con frecuencia había más nobles disponibles que cargos en el palacio; algunos pequeños propietarios comenzaban a rodearse de empleados y esclavos. En todos estos casos el resultado final era igualmente el surgimiento de tiempo para pensar, para analizar situaciones o para resolver problemas.

Los pueblos helénicos

Los griegos, a diferencia de las culturas que le precedieron, son los primeros en otorgarle cierto valor social al conocimiento *per se*. Quizás intuyendo que el mismo, a la larga, constituye poder, intentaron crear ciertas condiciones sociales que hicieron lícito, por lo menos en algunas oportunidades, que un ciudadano dedicara tiempo y esfuerzo a la explicación de fenómenos naturales o a la inquisición sistemática sobre la composición del planeta.

Herodoto, tras realizar un largo viaje por diversos pueblos y escribir sobre su historia y costumbres, regresa a Grecia, donde ante la indiferencia de sus paisanos de Halicarnaso, en Asia Menor, se dirige a Atenas, donde su experiencia es tan apreciada que las autoridades civiles aprueban mediante voto otorgarle la suma de diez talentos por su obra. Wells, hacia 1940, estimaba que el valor adquisitivo de esa suma era equivalente a unos 48 mil dólares de la época. Tal cifra, probablemente bien invertida, determinó que Herodoto pudiese seguir realizando sus indagaciones sobre la historia de los pueblos antiguos sin preocuparse demasiado por su sustento. No pretendemos con este ejemplo establecer que en todas las ciudades-estado de Grecia, o en todos los tiempos, la creatividad o la labor intelectual hubiese sido generosamente remunerada, simplemente sirve para ilustrar la existencia, al menos ocasional, de una actitud positiva y estimulante para la labor intelectual. Sócrates, por ejemplo, no tuvo tanta suerte como Herodoto.

Herodoto nació hacia 484 a. C. en una ciudad griega que estaba sometida a un tirano persa. Sin embargo, es importante señalar que a pesar de ello tuvo a la oportunidad de viajar con libertad y luego escribir y relatar sus experiencias. Herodoto encontró un «clima» que podría aproximarse a lo que en la actualidad definimos como libertad académica, clima que sin duda alguna constituye la base social del pensamiento helénico.

Los tiranos persas no se esforzaban demasiado en imponer a las ciudades-estado helénicas el rigor de las viejas religiones, más aún, cierta irreverencia lleva a Darío, el sucesor de Ciro, a la destrucción del templo de Bel-Marduk. Los pueblos helénicos no estaban desprovistos de creencias religiosas y supersticiones, pero entre el año 500 a. C. y el surgimiento de la figura de Alejandro Magno, la mayoría de estos asentamientos son gobernados por tiranos, guerreros o cuerpos senatoriales en un proceso dinámico y frecuentemente inestable, sin una casta sacerdotal inamovible, como había ocurrido en Egipto y Mesopotamia.

Es obvio que antes de los griegos existía conocimiento organizado, es decir, había *ciencia*. Las distintas tecnologías a las que hemos hecho referencia y que tan importante papel jugaron en el desarrollo económico y social de las más antiguas culturas, surgieron de *conocimientos organizados*, pero en términos generales podemos encontrar una diferencia importante. Antes de los griegos la especulación constituye una práctica limitada a los templos y los sacerdotes. Predecir es un sinónimo de adivinar y la probabilidad del éxito del sacerdote es equivalente a la experiencia que ha acumulado. Grecia abre una alternativa distinta y ésa es el permitir que algunos de sus ciudadanos se dediquen a la búsqueda sistemática de conocimientos, búsqueda orientada a entender y a explicar el mundo que nos rodea. Por primera vez el conocimiento adquiere valor por sí mismo y no por sus aplicaciones inmediatas. Hacer predicciones sobre la base de conocimientos adquiridos deja de ser un monopolio de los sacerdotes.

Los pueblos helénicos tenían ya una larga historia cuando Aristóteles, Sócrates y Platón aparecen en escena. En oleadas sucesivas y a partir de unos 1.500 años a. C. estos hombres descendieron desde las montañas y los valles de los Balcanes. Los jónicos son los primeros en llegar y los góticos los últimos. No encuentran un territorio completamente vacío, existen varias ciudades diseminadas sobre el litoral Mediterráneo con las que los griegos van a tener relaciones difíciles y guerras de las cuales algunos elementos quedan plasmados en obras clásicas como la *Ilíada* y la *Odisea*.

Los griegos van tomando posesión de ese amplio e irregular litoral y suman la agresividad de sus ancestros montañeses a los conocimientos que sobre las rutas marítimas y el comercio, tenían los habitantes costaneros. Esto hace que la nueva mezcla nazca con una visión amplia y dinámica del mundo conocido, con la tolerancia del comerciante que debe interactuar con distintas razas y culturas; con la agresividad y la libertad de los marinos que vivían meses alejados de toda autoridad civil o religiosa. Aprovechan igualmente los griegos los 5 mil años de acumulación de tecnologías que encuentran en las ciudades-puerto su máxima concentración. Bien aprovecharon todas estas felices circunstancias.

La escritura es la expresión tecnológica del pensamiento. A lo largo de la historia van surgiendo, con notable independencia, las más diversas formas de registrar la palabra. Los sumerios desarrollaron la escritura cuneiforme sobre tablillas de arcilla; los egipcios jeroglíficos sobre piedra, tal como lo hicieron los mayas y aztecas; en oriente surgen los ideogramas y los indios de América del Norte se comunican a través de pictogramas. En el área del Mediterráneo, la escritura hierática, una derivación posterior de los jeroglifos y usualmente restringida a los sacerdotes, se sumó a algunos símbolos asirios para configurar el primer alfabeto en el que cada signo corresponde a un sonido. Quizás los primeros en utilizarlo hayan sido los fenicios, obligados por la creciente intensidad de sus operaciones navieras y comerciales.

Los griegos enriquecen ese alfabeto agregando las vocales, redondeando un sistema simbólico relativamente simple. El desarrollo tecnológico que denominamos *alfabeto* va a ser el vehículo que permitirá la transformación de la tradición oral en literatura y, en forma gradual, la democratización del conocimiento, la posibilidad del libro, la alternativa de difundir algo más que aquello que el sacerdote egipcio o el escriba sumerio habían decidido que era pertinente plasmar en una piedra o en una tablilla de arcilla. El alfabeto permitirá reducir el espacio requerido para registrar información y ampliará la disponibilidad de materiales para hacerlo. Se trata, sin duda, de una de las tecnologías más poderosas que el hombre haya diseñado.

Hacia el siglo VII a. C. las tribus helénicas se han distribuido desde las costas de Asia Menor hasta el sur de Italia. Poseen ciudades en crecimiento como Atenas, Esparta, Olimpia, Corinto y Delfos en la península Egea; Halicarnaso y Efeso en Asia Menor; colonias permanentes en Creta, Rodas, Lesbos, Samos, Sicilia, sur de Italia y Francia. Ha ocurrido una expansión marítima y comercial. No existe un poder centralizado o un plan definido, van proliferando las ciudades con autonomías temporales.

A diferencia de las culturas ribereñas, los conflictos e interacciones positivas no se limitan a las aguas arriba y aguas abajo. Los mismos se hacen más complejos e incluyen las rutas de comercio, los monopolios y los centros de abastecimiento. Poseen un enemigo común, los persas, que amenazan persistentemente desde Oriente, enemigo que se transforma en una amenaza real cuando Ciro unifica la mayoría de las tribus (550 a C.) y consolidaal Imperio persa.

Otra peculiaridad de la cultura griega es el curioso proceso que designaremos «urbanización por asalto». Las tribus helénicas, usualmente pastores o guerreros, al conquistar un poblado se ubicaban primero en la periferia y luego organizan la vida civil aprovechando la infraestructura existente. No pasan por la etapa ciudad-templo o del rey-sacerdote, sino que usan el espacio físico sin atribuirle propiedades mágicas. Sólo hay tres «clases» sociales, la «noble» o dirigente, los esclavos y una heterogénea clase formada por el resto de los helénicos y comerciantes de diverso origen.

El ciudadano común, una vez organizada la vida civil, solía pasar a través de distintas funciones de acuerdo con su edad. En una primera etapa era soldado, en la temprana madurez participaba en actividades comerciales, intentaba ser armador de barcos, comerciante o cualquiera de las otras actividades adecuadas para los ciudadanos. En la madurez, incursionaba en el mundo político y su mayor aspiración era ser magistrado o sacerdote.

Difícil resulta concebir una unidad ideológica en los griegos. Existe un enfoque pragmático de la vida combinado con una fragmentación política y geográfica. Hasta su declinar, este rasgado imperio de ciudades mantuvo una laxa estructura y heterogeneidad de formas de gobierno. En unas privó por algún tiempo un gobierno aristocrático; otras ciudades alternaron tiranos oligárquicos con gobiernos más democráticos, pero en ningún caso parece haberse perpetuado una casta o clase, como en Oriente y siempre la dinámica económica jugó un papel preponderante en la definición del gobierno.

Muchos tiranos se comportaron en forma parecida a los demócratas populistas y, con frecuencia, ricos comerciantes manipulaban la política local en función de sus intereses económicos. Pero existieron algunos ciudadanos libres que podían, al menos de vez en cuando, aunque no sin riesgos, emitir sus opiniones. La mayor parte de las figuras griegas que destacaron durante los llamados «siglos de oro», desde Tales de Mileto (nacido en el año 624 a. C.) hasta Aristóteles (384-322 a. C.) en algún momento de su vida sufrieron exilio o persecución. La libertad de expresión era algo relativo y no carecía de riesgo discutir, escribir o enseñar. Hipodamos de Mileto, arquitecto planificador del puerto de Pireo hacia el año 466 a. C., decidió luego cambiar la tecnología por la filosofía. Al emitir opinión sobre la supuesta mejor forma de gobierno, fue exilado a pesar de sus reconocidos méritos como arquitecto.

De igual modo, Sócrates, (469-399 a. C.) es juzgado por irrespeto a los dioses y corrupción de jóvenes frente a un tribunal público de 500 ciudadanos. De ellos, 280 votaron contra Sócrates y eventualmente, en un gesto que ha sido interpretado como de gran valor pero que igualmente podría ser calificado de soberbia, acabó suicidándose al ingerir cicuta.

Aun así, existe una notable diferencia entre la represión de los viejos imperios y la existente en Grecia. En Egipto o Babilonia, a Hipodamos y Sócrates los hubiesen ejecutado sin dilación o consulta. Sócrates es condenado mediante un proceso posiblemente manipulado por numerosos agraviados, ya que el buen filósofo tenía la inoportuna y pertinaz ocurrencia de hacer preguntas difíciles en público a los magistrados, pero proceso al fin. Esto ilustra un estado de cosas diferente y novedoso cuando lo comparamos con las organizaciones sociales previas.

Para hacer breve una larga historia, el proceso histórico helénico de indagación sobre la naturaleza tiene en Demócrito y Anaxímenes expresiones como las primeras ideas sobre los componentes básicos de la materia. Xenofón, Herodoto y Tucídides son los primeros historiadores formales; Sócrates cubre un amplio espectro que va desde la talla de piedras, su profesión inicial, hasta profundos esfuerzos por entender la «naturaleza del hombre» y la estructura del universo. Sócrates construye una ética donde la virtud es definida por el conocimiento y la belleza es sinónimo de verdad. Cosas como el progreso, la felicidad y otras metas humanas, según Sócrates, sólo pueden ser alcanzadas a través del conocimiento, y la justicia sólo puede existir cuando el conocimiento otorga la facultad para hacer la mejor selección. Sócrates recorre un largo camino en sus setenta años de vida, un camino que nace con su profesión de artesano y concluye con profundas disquisiciones sobre el papel del hombre en la naturaleza.

Platón (427-347 a. C.) profundiza la obra de Sócrates dejando un legado que va a constituir la base de la filosofía de Occidente. Sin embargo, su idealismo lo lleva a establecer limitaciones severas a la capacidad del hombre para indagar sobre el mundo real. Aristóteles (384-322 a. C.) asiste a la academia de Platón y posteriormente retorna a su lar nativo en Macedonia, donde va a actuar como tutor de Alejandro, conocido más tarde como el Grande o «Magno». Platón es el padre de la metafísica y la epistemología, y Aristóteles es el progenitor de la lógica y el razonamiento científico. El razonamiento deductivo, si se quiere débil frente al inductivo y a la experimentación, constituye un poderoso instrumento para indagar sobre la naturaleza, y Aristóteles lo entendía como un método que, basado en la observación, el conocimiento previo y la intuición, permitía organizar el saber, es decir, lo que hoy llamamos ciencia.

Aristóteles intentó clasificar y ordenar todo lo clasificable y ordenable. Lo intentó con plantas y animales y su clasificación persistió por siglos. Construyó una metafísica distinta a la de Platón, en la que las cosas tienen propósito, los organismos y sus partes tienen papeles definidos. Casi construye una teoría evolutiva en sus dos grandes libros. (Historia Natural y Clasificación de los animales) y luego escribe el primer tratado de meteorología con un entendimiento bien preciso de fenómenos como erosión, evaporación y precipitación. La brillantez y laboriosidad de Aristóteles fue mitigada por tres características de los ciudadanos griegos: desprecio por la actividad manual, que sólo era considerada digna de esclavos, convicción de que las mujeres eran seres humanos inferiores y una concepción fatalista del destino de cada individuo.

A pesar de sus extraordinarias contribuciones, Sócrates, Platón y Aristóteles se alejan de la filosofía natural que al comienzo domina en Grecia, una filosofía que estaba orientada inicialmente a establecer un vínculo entre el análisis del conocimiento, el desarrollo teórico y su eventual aplicación. Es posible reconocer varias vertientes que concluyen, bien en la invención de nuevas herramientas, bien en el establecimiento de los principios básicos de la geometría, las matemáticas, la arquitectura o el perfeccionamiento de las artes de navegación. Las permanentes guerras que mantienen entre sí las ciudades griegas, o los conflictos externos con persas y otros pueblos tanto al Oriente como en el Mediterráneo determinan avances en diversas tecnologías.

El éxito de los griegos en la batalla de Maratón, donde remontaron una notable diferencia numérica, estuvo sustentado en el equipamiento del ejército: coraza, yelmo, peto, todos de bronce; amplio escudo y armas ligeras como flechas, jabalinas y espadas cortas; articulaciones y protectores de cuero para las piernas y calzado adecuado. Los persas no estaban ni bien armados ni razonablemente organizados.

El arte de la guerra era la primera ocupación de todo joven griego y, en paralelo, existe una intelectualidad que estudia y diseña estrategia, táctica y armamentos. Tanto es así que Dionisio, jefe militar y político de Siracusa, procedió a formar el primer grupo de desarrollo tecnológico orientado a la invención de nuevas armas. Hubo resultados concretos: surgieron galeras con cuatro o cinco baterías de remeros y una catapulta con un complejo mecanismo de cierre y liberación. La catapulta de Dionisio marca el nacimiento de la artillería. El rey Arquidamos de Esparta, al conocer sobre éste nuevo artefacto, exclamó que el valor de los guerreros se había extinguido. Una de las primeras protestas contra la mecanización.

La catapulta original, diseñada para lanzar grandes flechas, en 332 a. C., es adaptada para arrojar grandes piedras y fue utilizada probablemente por primera vez por Alejandro en el sitio de Tiro. En esta misma época surgió la ballesta o *gastrafetes*, de la cual se conserva una detallada descripción realizada por Herón de Alejandría, interesante personaje del cual tendremos más que decir en breve. Se han preservado los nombres de algunos ingenieros militares y aparentemente los más relevantes fueron Diades, Carías, Apolonio, Diogneto y Calias. El primer libro sobre máquinas de guerra fue escrito por Carías bajo el estímulo de Alejandro Magno hacia el 325 a C.

En el año 323 a. C. buena parte del mundo conocido reposaba a los pies de Alejandro. Originario de de Macedonia, educado por Aristóteles, hijo de un experto guerrero, pronto demostró sorprendentes dotes como estratega y estadista. Descendió de Macedonia, derrotó algunas ciudades griegas, realizó alianzas con otras y la emprendió contra los persas. En pocos años construyó el más vasto y efímero imperio de la antigüedad. Desde el Indus hasta Egipto.

Hombre de peculiares habilidades y educado en lo mejor de las tradiciones helénicas, preservó la vida y hasta estimuló a los intelectuales de las ciudades o imperios que iba dominando Combinó brutales matanzas a la usanza de la época con un peculiar respeto hacia el conocimiento y quizás también una breve y disipada vida. El resultado final fue la difusión del helenismo por todo el Medio Oriente, el norte de la India, el norte de África, Italia y otras colonias en el sur de Europa.

Alejandro cierra un ciclo, un período simultáneamente sangriento y luminoso con enorme impacto sobre la historia de la humanidad. La innovación y el conocimiento adquieren una posición en la sociedad, la inventiva da sus primeros pasos hacia una eventual profesionalización y el método comienza a sustituir al improvisado análisis de ideas o situaciones. Nace la filosofía, se realizan diversos y novedosos experimentos sobre la mejor forma de gobernar; se hace lícito indagar sobre la naturaleza y propósito del hombre, sobre la estructura del universo, sobre las causas de las cosas. La pregunta «¿por qué?» comienza a sustituir la clásica indagación de «¿cómo, dónde y cuando?». Además, sobre todas estas cosas queda además una evidencia escrita en una lengua que hará sentir su influencia en el mundo occidental hasta nuestros días.

Desde la fundación de Jericó y Çatal Hüyüc, hasta los tiempos de Alejandro transcurren unos 6 mil años, pero durante su brevísimo reinado, ya que murió de paludismo cuando apenas tenía 32 años, y en los años siguientes, ocurrirán más cosas relevantes para el futuro de la ciencia y la tecnología que en ese largísimo período de nuestra historia.

El faro de Alejandría

La medicina, hasta la época en que los griegos inician su expansión por las costas e islas del mar Egeo, era magia complementada con algunos conocimientos anatómicos y farmacológicos lentamente acumulados a lo largo de milenios. Un conocimiento muy fragmentado adornado con destellos mesopotámicos y egipcios. Similar en muchos aspectos al conocimiento empírico acumulado en la América prehispánica, en África y Asia, que con evidentes modalidades locales, basaba la terapéutica en el uso de hierbas o compuestos de las mismas, algunas prácticas quirúrgicas básicas y la fe del paciente en su curandero.

Es en Grecia donde la medicina adquiere cierta base científica y surge cierta organización documental sobre la que van a apoyarse los elementos de la tecnologías médicas durante varios siglos. Pocas tecnologías has preservado durante tanto tiempo la atmósfera mística de su origen. Orientada al diagnóstico y eventual curación, a prolongar o preservar la vida, resultó ciertamente lógico que la práctica terrena para preservar algo tan misterioso y complejo como la vida estuviese, de una u otra forma, orientada por fuerzas sobrenaturales.

Los pacientes, profundamente supersticiosos, esperaban que cualquier vacilación de la mano del cirujano fuese corregida por la voluntad divina; el médico, inseguro de una técnica aplicada sobre un cuerpo cuyas propiedades desconocía, confiaba de igual modo en la recepción de algún tipo de ayuda externa. Por siglos, la medicina complementó la técnica con la invocación. Ese sincretismo entre la ciencia y creencia persiste en nuestros días.

Pocas tecnologías han recibido tanta atención por parte de los historiadores como este arte-ciencia y existen numerosos textos con los más diversos enfoques. La medicina constituye un ejemplo interesante en la evolución social de los gremios artesanales, de la interacción entre el conocimiento y la magia y de los mecanismos de dispersión del conocimiento a partir del período alejandrino. Con variantes propias, otras artesanías y tecnologías tienen una historia similar, pero un registro mucho menos confiable. Los documentos médicos del período alejandrino son abundantes y las sucesivas traducciones al persa, árabe y latín otorgaron a los historiadores ejemplos notables de las formas de vivir y pensar tres siglos antes del nacimiento de Cristo.

Alejandro Magno murió en al año 323 a. C. y su desaparición determinó que el Imperio, el de mayor extensión geográfica antes de Roma, se fragmentara en cuatro reinos. Hacia Oriente, el Seleucita, desde Asia Menor hasta el Delta del Indus; al Norte, Lisímaco se hace con la zona que va desde el litoral del mar Caspio hasta el Danubio. Grecia y Macedonia quedan bajo el mando de Antígono y otro general de Alejandro, Ptolomeo, se apodera de Egipto y parte de la costa de Asia Menor. Los imperios seleúcida y ptolomeico van a perdurar, mientras que Grecia y Macedonia declinarán por las guerras intestinas y el ataque de bárbaros del norte.

Atenas, Esparta y los restantes asentamientos griegos ceden su supremacía cultural y política a la nueva ciudad de Alejandría. Planificar y construir ciudades fue una manía de Alejandro; otra fue la de darle su nombre a la mayoría de ellas y en total diecisiete nuevas urbes recibieron el nombre de Alejandría, pero sólo una, ubicada en el norte de Egipto, se transformó en un centro de importancia. Ptolomeo I fue sin duda el más talentoso y visionario de los generales de Alejandro, y además no sólo heredó la porción del imperio donde mayor prosperidad económica había, sino donde mayor número de griegos capacitados ejercían las más diversas profesiones. Ptolomeo tuvo además la genial ocurrencia de tomar el tradicional título de faraón y amalgamar las milenarias tradiciones egipcias a las entonces novedosas corrientes del pensamiento griego, con lo que logró estabilidad política.

En Alejandría fue creada la primera institución científico-educativa de la humanidad. Designada como El Museo, era realmente una universidad, la primera de ellas, cuya magnitud y concepción superó a las organizaciones que formalmente recibirían esa designación en Europa catorce siglos después. Ptolomeo I completó El Museo con una biblioteca y ambas instituciones se transformaron en polo de atracción para el mejor talento de la época. Aquí nace también una escuela médica cuya tradición y enseñanzas definirían el curso de esta disciplina en los siguientes veinte siglos.

Las escuelas médicas de Alejandría estuvieron bajo la influencia de la filosofía griega. Cada escuela definió ciertas tendencias y adoptó determinados nombres en función de la filosofía que las animaba. Así, por ejemplo, Erasístrato y sus seguidores son llamados epicúreos o neumáticos por sostener que la vida es un proceso esencialmente material que dependía de un pneuma, una sustancia indefinida que era inhalada por los pulmones y que luego pasaba a la sangre. Contrastaba esta escuela con otra, que, animada por las ideas de Platón, tenía una visión más mística de la vida.

Al margen del tipo de inspiración de cada escuela, lo importante es que quienes aplicaban las tecnologías médicas conocidas lo hacían bajo la inspiración de una determinada filosofía. Con sus variantes, la influencia de las escuelas médicas de Alejandría, que entra en decadencia después de la destrucción de la Biblioteca (389 d. C.), va a recorrer por siglos una tortuosa ruta que corre hacia Oriente por toda Persia, a Occidente llevada por los árabes hasta Córdoba en la Península Ibérica y hacia el Norte, cruzando el Mediterráneo, es la fuente principal de las tecnologías médicas de Roma.

La medicina greco-alejandrina estuvo esencialmente basada en la observación rigurosa, el meticuloso registro de datos casuísticos y la inferencia. El primer documento médico griego de importancia es el *Corpus hipocraticum* de Cos, atribuido a Hipócrates (460-370 a. C.), que es anterior a la fundación de Alejandría. Posiblemente este documento sea realmente una especie de compendio de la Biblioteca de Cos, donde funcionó por años un núcleo de enseñanza médica. Con la fundación de Alejandría se trasladan a esta ciudad numerosos médicos. Allí destacarán Serófilo, Erasístrato, Arquigenis, Leónidas, Heliodoro, Herófilo y Antilleis. De igual modo, en los tres siglos precedentes a la era cristiana se desarrollan o se perfeccionan instrumentos quirúrgicos, técnicas de vendaje, auscultación, reducción o extirpación de tumores y reducción de fracturas, entre otros. Se realizan operaciones de gran complejidad que exigían dominio anatómico e instrumental: trepanaciones, extracción de cálculos uretrales y de vejiga, traqueotomías, cierre de fístulas, amputaciones y hasta operaciones de cataratas figuran en las descripciones que han llegado hasta nuestros días.

Además de tecnologías instrumentales, es necesario sumar técnicas de curación basadas en el «poder curativo de la naturaleza», en las que el médico se consideraba un simple auxiliar, pero muchas recomendaciones estaban bien sustentadas en la observación. En este caso, el médico coadyuvaba a la curación a través de masajes, dietas especiales y descanso. Un número limitado de diuréticos y fármacos naturales completaban las técnicas disponibles para curar. La tecnología del diagnóstico también fue desarrollada. De hecho, hasta el advenimiento de la medicina moderna hacia el siglo XVII, las enseñanzas de la escuela alejandrina, enriquecidas por Galeno y sus seguidores, fueron aplicadas sin mayor modificación.

La escuela alejandrina es absorbida por los árabes y persas, y también la enriquecen las tradiciones del pueblo judío. Entre los difusores del conocimiento desarrollado en Alejandría destacan médicos y traductores como Razés (Mohamed ibn Zakariya ar Razi), Avicena (Abu Alí Al Hoseín ibn Sina), Abulcassis de Córdoba e Isaac Judeus. Estos y otros médicos llevarán a Europa, a través de España, el conocimiento tradicional alejandrino que llegará a Europa entre los siglos XI y XII para fusionarse con la otra ruta, la romana.

La importancia de la filosofía en Grecia y Alejandría oscurece algo las importantes contribuciones en otras disciplinas. Pocos autores se refieren a los griegos como mecánicos o artesanos destacados. Sin embargo, uno de los textos más inteligentes de la Grecia clásica es la *Mecánica*, atribuida a Aristóteles y probablemente integrado por su discípulo Estratón de Lampsaco. Este personaje, del cual se ignoran detalles, aparentemente fue también el sucesor del gran botánico Teofrasto en la dirección del Liceo fundado por Aristóteles. La fecha aproximada de la ascensión de Estratón a la dirección del centro de estudio fue 267 a. C., cuando Grecia comenzaba a declinar y Alejandría ya era centro intelectual del mundo occidental.

La *Mecánica* es posiblemente el primer texto de ingeniería que se haya escrito y recorre las más diversas tecnologías y sus posibles principios. La obra incluye ideas tan avanzadas como considerar al vacío como la simple ausencia de átomos y la compresión como el fenómeno opuesto. Especula sobre la imposibilidad del vacío absoluto, puesto que el mismo determinaría que los cuerpos cayeran a una velocidad que se aproximaría al infinito, establece que la velocidad es inversamente proporcional a la resistencia del fluido donde ocurre el movimiento. Igualmente, figuran en este texto poleas, cabrestantes, ruedas, palancas, grúas y balanzas; ideas sobre fuerzas y vectores. La geometría se alterna con descripciones sobre el uso de rodillos o cuñas. Ciertas combinaciones de poleas y palancas ilustran la existencia de ingenios o artefactos utilizados en la construcción y la navegación.

Deinócrates fue el nombre del arquitecto designado por Alejandro para construir, sobre el pequeño poblado de Rakotis, la gran ciudad de Alejandría. Deinócrates ilustra la capacidad técnica de los ingenieros civiles de la época y construye un canal para unir Alejandría con la antigua ciudad de Menfis.

Uno de sus sucesores, Sóstrato de Cnido, construyó el famoso faro de Alejandría, bajo el reinado de Ptolomeo Filadelfo, en un islote frente a la ciudad, que se llamaba precisamente Pharos. El faro de Alejandría fue una de las famosas «Siete Maravillas del Mundo» y su magnitud ilustra la importancia que llegó a tener esta ciudad como centro comercial del Mediterráneo. El faro competía en grandiosidad con las pirámides y se erguía a una altura estimada entre 120 y 135 metros de altura (la pirámide de Giza medía 146,6 metros de altura). Se mantuvo en pie por unos 1.500 años. Hacia el siglo XII de nuestra era, desapareció su función de guiar a los navíos y fue transformada en una mezquita, descrita en el año 1165 por un árabe-español, Yusuf ibn ash Shaykh, a quien debemos las cifras de su altura. Posteriormente, en fecha no determinada con precisión, el faro fue víctima de un terremoto. En la actualidad sólo se preservan algunas piedras de su erguida estructura y parte de la base de la misma.

El faro de Alejandría realmente iluminó por varios siglos este peculiar reducto del conocimiento humano de la ciencia y la tecnología. Fue el símbolo de una ciudad donde, de acuerdo con Sprague de Camp, varias nacionalidades vivían en sus propias secciones y su fama de «vivaces, espontáneos, de buen humor e irreverentes, pero carentes de virtudes más sólidas» se extendió por el mundo antiguo. La ciencia y la tecnología son protegidas por los tres primeros reyes de origen macedónico: Ptolomeo I Sóter, que era historiador; Ptolomeo II Filadelfo, destacado zoólogo, y Ptolomeo III Evergetes, matemático. Les seguirán reyes menos proclives a mantener un clima de libertad e irreverencia intelectual.

En la historia inicial de Alejandría, un ateniense exilado, Demetrio, jugó un importante papel. Asesor de Ptolomeo I, Demetrio fue quien sugirió la construcción de la biblioteca. En años sucesivos buena parte del conocimiento existente en forma documental fue almacenado en esta biblioteca que logró tener 750 mil papiros entre originales, copias adquiridas y numerosos duplicados elaborados en la misma. Buena parte de los mismos fueron víctimas del fuego o del abandono en siglos sucesivos. Primero, fuegos accidentales y el resultado de la decadencia de Alejandría bajo el Imperio romano; luego, las guerras entre cristianos y musulmanes con sus fanáticas costumbres que incluían quemar cuanto no comulgase con los dogmas de una u otra fe.

Otro importante centro de Alejandría fue el ya mencionado Museo. Construido como templo para adorar a las musas, los griegos de la escuela peripatética pronto se congregaron en él para enseñar artes o ciencias. En este peculiar sitio, Erastóstenes especuló, con admirable precisión, sobre la posición el tamaño del planeta. Aristarco generó las primeras ideas sobre la posición central del sol en nuestro sistema e Hiparlo introdujo los conceptos de latitud y longitud. A través de Filón y Bitón se han preservado buenas descripciones de uso de poleas, cabestrantes y otros ingenios para mover grandes pesos. Bitón intentó diseñar un vehículo utilizando pesas y poleas; la arquitectura y la ingeniería se asociaron para el diseño y construcción de edificaciones en las que se combinó el hierro, la piedra y el bronce estructural por primera vez.

El «inventor» tiene sus primeras expresiones en Alejandría. Es posible que hubiera cierto aprecio social al ingenio y estos tecnólogos recibieran un trato similar al de poetas, dramaturgos o escultores. Entre ellos destaca Ktesibio, personaje del cual se desconocen detalles, salvo que era hijo de un barbero. Ktesibio desarrolló curiosos inventos bajo el reinado de Ptolomeo Filadelfo (285-247 a. C.), entre ellos un órgano hidráulico, un teclado musical, el reloj de agua, el resorte metálico y una bomba.

Todos estos ingenios exigían conocimientos teóricos, habilidad manual e inventiva. Cilindros, válvulas y resortes son innovaciones que se adelantaron a la época y la inexistencia de materiales adecuados limitó su uso. Sólo varios siglos después, con tecnologías como el tratamiento térmico de los metales, se obtendrán resortes de buena calidad o cilindros y émbolos que no dejasen escapar los fluidos que intentaban comprimir. El reloj de agua resultó ser un invento útil para los responsables de llevar el control del tiempo en Alejandría. Sus predecesores, los relojes de sol, requerían ajustes continuos a lo largo del año para seguir el ángulo cambiante del astro rey. El reloj de Ktesibio tenía un flujo constante de agua y un cilindro donde estaba ajustada la duración del día en cada estación.

Un discípulo de Ktesibio, Filón, inventó juguetes con jarras, sifones, válvulas y tubos que movían figuras o hacían fluir el vino hacia las copas de los comensales. También inventó el primer lavamanos automático en el que el agua surgía a voluntad del operador, así como la «rueda de agua», que tantas aplicaciones prácticas tendría en el futuro. Estos juegos, destinados esencialmente a divertir a los acaudalados de Alejandría, determinaron notables avances en el estado del arte de muchas tecnologías mecánicas, ampliaron el uso y la búsqueda de materiales y colocaron las bases de soluciones posteriores a problemas mecánicos.

Arquímedes de Siracusa (287-212 a. C.) estudió en Alejandría y luego retornó a su país natal, gobernado por su amigo Hierón II. Arquímedes realizó una estimación muy adecuada del valor *pi*, estableció leyes para estimar el centro de gravedad de figuras planas, así como diversos cálculos geométricos e hidrostáticos, como el famoso «principio de Arquímedes». Al determinar que un cuerpo sumergido o semisumergido pierde peso en la misma medida que el líquido que desplaza, Arquímedes estableció las bases científicas de la navegación y un principio esencial para la caracterización de las propiedades de los cuerpos.

Se supone que Arquímedes murió por la espada de un guerrero mientras distraídamente dibujaba figuras geométricas en la arena; sin embargo, existen otras versiones que explican su muerte a manos de un soldado romano. Arquímedes no sólo practicó la inocencia del juego intelectual, ya que entre sus ocupaciones figuraba el diseñar y construir artefactos bélicos para su protector, el agresivo Hierón. Este último parece haber sido uno de los últimos tiranos griegos que se perpetuaban en el gobierno de las ciudades-estado. Primero aliado de los cartagineses y luego de los romanos, jugó un importante papel en la geopolítica siciliana y en el control del corredor que separaba a los romanos del norte de África.

Otra figura de la época fue Herón Ktesibios de Alejandría, aunque algunos autores lo asocian a los grandes arquitectos e ingenieros romanos, su origen es helénico. Sus observaciones sobre un eclipse hacen suponer que vivía en el año 62 a. C. en Alejandría. Dejó un legado de recopilaciones e inventos en los que posiblemente mezcla su obra con la de otros. Seis libros y algunas notas adicionales se preservan en traducciones al latín y el árabe. Los libros tienen títulos como *Mecánica, Pneumática, Medidas* y *Espejos;* las artes y tecnologías de la guerra configuran otro volumen designado *Belopoiika* y el sexto está destinado a los problemas de la medición del tiempo.

Al igual que sus predecesores alejandrinos, en estos textos se encuentran numerosos ingenios que probablemente eran también juguetes. Como en el caso de Ktesibio, es posible que las ideas de Herón no pudiesen haber alcanzado el nivel artesanal de ejecución por la inexistencia de materiales adecuados. Entre los inventos de este Leonardo alejandrino se encuentra el uso de la energía eólica para generar música en un órgano y una máquina de vapor, la primera de la cual existe un registro documental. Esta máquina denominada *aeropilo,* funcionaba bajo unos principios similares al de los sistemas de riego rotativos comunes en la actualidad. Una pequeña caldera en la que hervía agua y figuras ubicadas en la boca de cada válvula danzaban impulsadas por los chorros de vapor. Herón también inventó una doble bomba para combatir incendios que nadie sabe si alguna vez fue utilizada.

El más curioso de sus inventos es el primer artefacto destinado a prestar un servicio activado por la inserción de una moneda. Ancestro de los teléfonos monederos o los dispensadores de golosinas y cigarrillos, la máquina de Herón es destinada a un uso distinto pero bastante práctico para la época: la moneda movía un dispositivo que permitía la salida de cierta cantidad de agua bendita. Otro invento «litúrgico» consiste en un sistema neumático que generaba un sonido parecido al de una trompeta al abrirse y cerrarse las puertas del templo, así como un sistema que cerraba la puerta en el curso de una ceremonia en la que se hacía una ofrenda de fuego. Éste calentaba una cámara de aire y el incremento de la presión liberaba un recipiente de agua que activaba la polea que a su vez movía la puerta.

¿Por qué la energía eólica no fue utilizada sino siglos después? ¿Qué determinó que la máquina de vapor no fuese empleada por los pueblos que manejaron con mayor precisión la tecnología de metales? Quizás estos inventos llegaron tarde a Alejandría, que ya bajo el yugo romano iba perdiendo libertad y originalidad. Quizás algunos artesanos intentaron otras aplicaciones, pero la ausencia de conocimientos y materiales adecuados frustraron los intentos. A veces un invento debe esperar a que surja otro antes de tener aplicación práctica.

La flota romana derrota a los cartagineses en Mila (265 a. C.). El sucesor de Hierón de Siracusa tuvo mala ocurrencia de aliarse con los cartagineses nuevamente y los romanos finalmente toman Sicilia en el mismo año de la muerte de Arquímedes. Una nueva fuerza viene desde el norte y en la misma medida en que el faro de Alejandría va disminuyendo su resplandor, los romanos y persas avanzan. Las luces de Alejandría se van a diluir en varias corrientes: hacia el Este, donde se mezclará con las tradiciones persas, árabes y orientales en Bizancio; hacia el Norte, donde a través de romanos y bárbaros irá penetrando en el centro de Europa, y hacia

Occidente, donde los árabes la llevarán hasta España y Portugal. Irá perdiendo intensidad en algunos campos, pero se irá enriqueciendo con nuevas experiencias e ideas.

Capítulo 5

Ideas que cambiaron al mundo

El hombre es (para sí mismo) la medida de todas las cosas.
Protágoras (480-411 a. C.)

Hemos visto cómo en Grecia y luego en Alejandría el conocimiento y las técnicas dan un gran salto adelante. En Egipto, Mesopotamia, y en general en la culturas que preceden a Grecia, el conocimiento y el ejercicio del sacerdocio habían marchado tomados de la mano. Cánticos y ensalmos se amalgaman con la experiencia y el diagnóstico de cualquier situación. La voluntad de los dioses, a través de sus intérpretes oficiales, determina la realización o la explicación de una experiencia cualquiera. Los indagadores, los individuos ansiosos por conocer o explicar, no sólo acuden al templo a buscar datos, sino que deben regresar al mismo para interpretarlos bajo la sombra del ritual dominante.

Los irreverentes griegos y sus sucesores alejandrinos abren una brecha, humanizan a sus dioses, establecen cierta separación entre el conocimiento y la creencia, lo que determina que el primero pueda ser cultivado, en alguna medida, al margen de la religión. Surge también algo de tolerancia hacia la interpretación y se comienza a entender que el conocimiento es poder cuando adquiere forma de tecnología.

Los griegos desarrollan una idea que se puede resumir así: por poderosos y sabios que puedan ser los dioses, es necesario resolver los problemas cotidianos y es importante que el hombre logre saber más sobre sí mismo. Surge una filosofía del «sentido común» que tendrá en Epicuro (341-279 a. C.) su máxima expresión; una forma de pensar que, modificada y matizada por eventos y personajes, tendrá una profunda influencia en el desarrollo del mundo occidental y por consiguiente de la tecnología.

Dos milenios después Bertrand Rusell señalaba que

« Concebir al mundo en su totalidad a través del pensamiento se desarrolló desde el principio por la unión y el conflicto de dos impulsos humanos muy diferentes; de éstos, uno llevó al misticismo, el otro a la ciencia». H. G Wells intenta borrar esas diferencias y señala que tanto la ciencia como las religiones han apuntado hacia la misma meta: una hermandad universal. Quizás no sea del todo desacertado señalar que en ambos casos el impulso inicial emana de una especie biológica que adquiere la capacidad de preguntar «¿por qué?».

La historia de las ideas tiene grandes héroes y pequeños innovadores. Los grandes héroes son aquellos que logran captar y amalgamar demandas, innovaciones e insatisfacciones sociales. Les dan forma a las ideas de la masa, se anticipan a su tiempo y poseen poder o carisma para difundirlas, defenderlas o imponerlas. Héroes de la innovación social son Moisés, Zaratrusta, Jeremías, Lao-Tsé, Buda, Confucio, Jesús y Mahoma, que se convierten en paradigmas de religiones y códigos de conducta. Cada nuevo conjunto de ideas será revolucionario en su momento y luego, casi siempre, pasarán a constituir parte del *status quo* social de cada época o región. Cuando adquieren aceptación por parte de los gobernantes y se transforman en filosofía o credo oficial, tendrán enorme influencia en fijar la evolución cultural y técnica de los pueblos.

El código de Moisés, así como las normas que lo preceden y suceden, consagran ciertas reglas de juego necesarias para la estabilidad de pueblos agrícolas y pastores. Límites prácticos y convenientes para garantizar la paz familiar, la estabilidad y la convivencia social, la perpetuación del grupo y su cultura y hasta la salud de sus integrantes. Son los *mandamientos* y su violación son *pecados*, de hecho, agresiones que pueden amenazar la estabilidad social. Combina necesidades cotidianas, pero su enorme valor y trascendencia es su carácter profético y unificador. Complementada por otros pensadores hebreos que van desde Jeremías (640-585 a. C.) hasta Maimónides (1135-1204 d. C), este código coloca las bases de la gran tradición judeocristiana, con una continuidad que ya supera los cinco milenios.

Esa cultura luego va absorbiendo los principios de la cultura helénica, se empapa del desarrollo social y legal de los romanos, adquiere el pragmatismo y la agresividad de los comerciantes del Mediterráneo. Se amalgama luego a los bárbaros del norte de Europa y después se mezclará con las ideas y formas de vivir de los habitantes del Nuevo Mundo, y terminará exportada a los más apartados confines del planeta.

La tradición judeocristiana es una línea de pensamiento donde emerge persistentemente el conflicto entre el hombre y la naturaleza, que tiene además un basamento filosófico-religioso en el que el mundo, sus plantas, sus animales y todos sus recursos fueron creados para el disfrute del hombre. Hacer precisamente eso ha sido el norte de esta tradición y de allí que buena parte del desarrollo tecnológico de la humanidad se encuentre asociado a esta cultura. De la misma surgirán, al mismo tiempo, grandes adelantos y graves devastaciones del entorno.

Esta tradición construye una ética para armonizar relaciones entre el hombre y su dios o entre los hombres, pero olvidó, salvo algunos destellos franciscanos, crear una ética para regular las relaciones entre el hombre y su ambiente. Jesús y sus discípulos innovan sobre esta tradición y claman por derechos como la igualdad bajo un clima de hermandad y universalidad. También, en sus inicios son una suerte de una rebelión de los pobres en búsqueda de ciertos derechos.

Judíos y cristianos, al amparo de una meta mejor definida que en religiones previas, con una predestinación de pueblo elegido y códigos compulsorios de conducta, rompen con la tradición de las religiones-pueblos y expanden sus ideas e influencia sobre buena parte del planeta. El pueblo de Israel se reconstruye en cada punto de la geografía y los practicantes de la religión establecen nexos de solidaridad e industria con otros correligionarios. Evitan sistemáticamente ser absorbidos por otras religiones practicando una gran tolerancia en sus relaciones exteriores y una gran intolerancia en las interiores.

En ambas religiones, el hombre es un ente casi divino. Hecho a semejanza de un dios, él mismo describe y dibuja a sus deidades a semejanza de sí mismo. El resultado es una estructura piramidal, jerárquica, encabezada por el hombre, que domina sobre el resto de la naturaleza. El mundo descansa a sus pies y es lícito, deseable, conveniente incluso a los ojos de su dios, el construir canales, aprovechar el agua y el viento, transformar bosques en campos de cultivo, generar —y no importa mucho a qué precio— más y mejores beneficios para el hombre.

Se configura una cultura-religión con aspiraciones de supremacía global, que consagra el lema de creced y multiplicaos e impulsa el desarrollo una conducta social que es al mismo tiempo, agresiva, destructiva y creadora. De allí que parte importante de la explicación sobre el actual desarrollo científico y tecnológico repose en la tradición judeo-cristiana.

Hoy criticamos los fundamentos de esta tradición al evaluar el daño causado y los riesgos que, para la vida en el planeta, el hombre ha creado. Se hace evidente un golpe de timón orientado a lograr mayor armonía entre el hombre y su entorno, una visión más humilde de nosotros mismos, sin menoscabo de la aceptación de que esa tradición cultural fue la fuerza social básica que generó la industria moderna, la medicina científica y los principios básicos de la democracia. Sin la exaltación casi divina del hombre, es posible que los adelantos tecnológicos hubiesen surgido de forma más pausada. Millones de niños aún morirían de viruela y seguramente habría más hambre de la que existe en el planeta. Las visiones más contemplativas y humildes del hombre harían menos necesarias las telecomunicaciones o el dominio de nuevas fuentes de energía; una visión de ese tipo ubica el concepto de felicidad al margen de las comodidades que la tecnología nos confiere y por ende menos esfuerzo se hubiese colocado en lograrlas.

En la actualidad muchos pensadores claman por una ética distinta, por una forma de vivir en la que la compasión, la dignidad, la libertad, la belleza y otros valores estén más liberados de su inevitable económico. Algunos estigmatizan a la ciencia y a las tecnologías como responsables de un materialismo, a veces calificado como obsceno, que caracteriza las grandes urbes del planeta. Pero parecen olvidar que los avances tecnológicos son un producto integral de la misma cultura que les permite a ellos cuestionarlos. Ocurre que los mismos conocimientos que han determinado las cicatrices del planeta son los que han elevado la dignidad humana a partir de un hecho de fatalidad donde el hambre, la miseria y la enfermedad eran el destino más probable. McHarg ha señalado que necesitamos una nueva teoría general que englobe la evolución biológica, física y cultural, que posea un sistema intrínseco de valores y que estimule la creatividad con una clara conciencia de lo que significa destrucción. Una filosofía unificadora que estimule la armonía y ponga límites claros al poder destructor del hombre.

Las ideas centrales de las religiones modernas tienen en Zaratustra o Zoroastro su punto de partida en Oriente. Sin que pueda fijarse con precisión la influencia que el monoteísmo de los hebreos pueda haber tenido, esta interesante figura. que vivió entre 660 y 538 a. C., configuró una religión optimista, monoteísta y estimulante del trabajo. También está basada en códigos y normas dirigidas a regular una sociedad de agricultores y pastores. Aparecen allí ángeles y demonios, premios y castigos, que luego serán recogidos por el cristianismo y el islam. Esta religión se desarrolla lentamente, se extiende durante la época de Ciro y se transforma en credo oficial en la época de los reyes sasánidos, dos siglos y medio después de Cristo. En estos años ya se siente la influencia del cristianismo. Así, esta amplia banda entre el Mediterráneo y la India será un cruce de caminos de diversas religiones, incluyendo siglos después al islam.

Durante casi seis siglos, los persas contuvieron con éxito relativo las frecuentes incursiones desde Roma, primero, y desde Bizancio después. Hacia el año 422 d. C. se establece una paz con tolerancia religiosa, bajo la cual los sasánidos permitían el culto cristiano y Constantinopla toleraba el zoroastrismo, pero la tregua se rompe y tras una nueva paz entre el emperador Kavad y el Imperio bizantino (628 d. C.), Persia queda sumida en la confusión de numerosos principados y áreas de influencia de una diversidad de grupos étnicos y religiones.

Cuando ya había desaparecido el Imperio romano de Occidente, los pueblos persas sufrían el desorden y el Imperio romano de Oriente trastabillaba, surge Mahoma en la escena. Por siglos las tribus nómadas de Arabia habían sido parcialmente sometidas por los distintos imperios. En una u otra época habían sido parte de Babilonia, Egipto, Persia, Macedonia o Roma, pero siempre habían vivido en los límites de esos imperios. Siguieron cruzando los desiertos entre un oasis y otro, dedicados al comercio y a la cría de ovejas y caballos. En algunos sitios privilegiados, la agricultura era practicada en la vecindad de ciudades amuralladas para contener el ataque de otros grupos nómadas.

La ciudad de La Meca era un centro de peregrinaje bajo la administración de una tribu beduina; centro de comercio y de confluencia de las otras religiones de la época (cristianismo, judaísmo y zoroastrismo). Mahoma nació hacia el año 570 d. C., y en su madurez reaccionó fuertemente contra el culto del meteorito que reposaba en la Kaaba de La Meca, único símbolo de unión de más de trescientas tribus árabes. Mahoma construye rápidamente una nueva religión que tiene mucho en común con el judaísmo y el cristianismo, acepta a Jesús y Abraham como ilustres maestros de un culto monoteísta, pero se proclama como el único y verdadero profeta. A diferencia de Jesús o Buda, Mahoma es un hombre de acción. Hacia el año 627, obtiene el control político de La Meca y Medina, atrae hacia el nuevo culto a grandes multitudes y rescata de las profundidades de la historia la figura del monarca-sacerdote.

Sobre las arenas del desierto surge una nueva cultura basada en la antigua asociación religión-Estado que parecía haber desaparecido. Sus principios básicos no difieren en su esencia del judaísmo y del cristianismo, también es una *religión-filosofía* con objetivos definidos, juego peculiar de tolerancias y profundas intolerancias, que será la base de una extraordinaria cultura entre los siglos VII y XIII de nuestra era y de un peculiar imperio, peculiar porque sólo en breves lapsos existió unidad, que se extenderá desde la India hasta España.

Más al Oriente, casi mil años antes de Mahoma, entre los años 563 y 483 a. C., surge la figura de Buda en la amplia y poblada geografía que se extiende desde los Himalayas hasta el trópico, en la India actual. Buda formaliza una filosofía del sufrimiento inevitable, de conformismo e introspección. La felicidad, señala, sólo puede buscarse a través de una indagación interna, reflexiva y pasiva: no es accesible a través de bienes materiales.

Al igual que otros grandes pensadores, Siddhartha Gautama o Buda no tenía intenciones de crear una nueva religión. Sus ideas parecen haber sido una reacción frente al brahmanismo imperante en la época. Contrario al sufrimiento físico o más privaciones para lograr la felicidad o el conocimiento, combate el ascetismo exagerado de los brahmanes que figuran en la tradición hindú desde hacía varios siglos. Pero su reacción no va al polo opuesto, sino que elimina el componente del sufrimiento físico. Las ideas de Buda son simples y hermosas, pero poco apropiadas para una búsqueda activa de una mejor forma de vivir. Señala que el egoísmo y la individualidad son la causa de todos los males y que hay tres vicios básicos que deben ser combatidos: gratificar los sentidos, aspirar a la inmortalidad y desear el progreso material. Estas ideas apuntan hacia conductas pasivas, conformistas y de armonía con la naturaleza.

Es evidente el tremendo contraste que existe entre las ideas de Buda y la tradición judeocristiana en lo que se refiere a sus implicaciones sobre la ciencia y la tecnología. Gratificar los sentidos, buscar la inmortalidad y desear el progreso material son virtudes y pecados de Occidente. Establecido el budismo como religión en parte de la India, China y luego Japón, los pueblos orientales tuvieron menos motivaciones para modificar su entorno y dedicaron más energía a la introspección. No significa esto que haya ocurrido un divorcio total entre la ciencia y Oriente, sino que cantidades diferentes de energía social son orientadas en sentidos distintos.

Asoka (164-277 a. C.), el más importante de los monarcas de la India, intentó por breves años asociar elementos de la cultura helénica con el budismo. Estimuló la educación y la medicina, creó un especie de jardín botánico de hierbas medicinales, intentó elevar la condición de la mujer, reforestó amplias zonas de la India y ordenó la construcción de canales y pozos en muchas localidades, oficializó el budismo como religión y lo extendió al suroeste de Asia y de China, creando condiciones para la proliferación de monasterios y sectas donde el budismo se mezcló con el brahmanismo y otras ideas preexistentes.

Casi contemporáneos con Buda son Lao-Tsé (604-531 a. C.) y Confucio (551-479 a. C), y los tres configuran el núcleo de la filosofía de los pueblos de Oriente por más de 2.500 años. El primero, al igual que Buda, basa su filosofía en la renuncia a los bienes materiales, la bondad y, en general, una posición pasiva y contemplativa frente al mundo. Confucio es inicialmente un revolucionario social que aspira a establecer un juego de relaciones de mayor equidad entre los individuos y el Estado o los gobiernos.

China, y buena parte del llamado Lejano Oriente, resultan de un compromiso entre el taoísmo y el confucionismo, entre la introspección y la búsqueda de equidad entre los hombres y los gobiernos. Impulsos contrastantes y contradictorios para el hombre de Occidente que consideran la introspección como poco adecuada para cambiar la sociedad o para desarrollar una técnica. Contradicción que estimulará la creatividad cuando esté disfrazada de sumisión, pero la castigará cuando pretenda subvertir un orden establecido. Lado a lado, el misticismo y la contemplación oriental tendrán destellos de ingenio y creatividad, porque esta última es inherente a la composición genética del hombre.

En Oriente surgirán inventos y tecnologías, algunas tan importantes como la pólvora o el papel, pero las ideas de Confucio no ocuparon en el terreno de la indagación una posición destacada y cierto menosprecio a la vida humana acompañó la filosofía dominante de resignación frente a los fenómenos naturales o a la injusticia social.

Buena parte de la historia de las tecnologías modernas tiene sus raíces en Occidente. Esto no pretende ser un juicio de valor en relación con las creencias o religiones de los distintos confines del planeta. Es una apreciación objetiva si se quiere, estadística, de los resultados de aplicar una gran cantidad de energía al intentar dominar el planeta y sus recursos, una actitud indudablemente sostenida por filósofos, líderes religiosos y políticos a lo largo de varios miles de años. La compatibilidad entre las religiones orientales y sus filosofías básicas con la ciencia y la tecnología se está haciendo evidente en los últimos dos siglos. El problema del pasado se debió esencialmente a la forma en que fueron distribuidas las fuerzas creativas e imaginativas del hombre, no a la las limitaciones intrínsecas de razas o pueblos. En efecto, primero en Japón en el siglo XIX y luego India y China en el siglo XX, se realizan ajustes sociales y el proceso de asimilación tecnológica se acelera. Los tres países, junto con Corea del Sur, colocan en la actualidad una buena cantidad de bienes y servicios en los mercados internacionales.

Quizás esa nueva ética por la que clama McHarg, surja de la amalgama futura de filosofías y religiones que ahora las tecnologías aproximan y mezclan al estar haciendo del planeta un lugar cada vez más pequeño. Pero ese contacto no evitará nuevos conflictos, porque todas las religiones acarrean consigo el germen de la intolerancia. Entrado el siglo XXI su peor manifestación es el terrorismo practicado por pequeños grupos extremistas.

Un optimista diría que el prolongado y a veces poco responsable manejo de las tecnologías se acerca a su fin. El abuso sistemático está creando condiciones que amenazan a la humanidad desde ángulos tan diversos como el incremento de radiaciones por la eliminación de la capa de ozono, cambios térmicos macroambientales, severa contaminación del agua y del aire. Pero si hemos adquirido una conciencia histórica colectiva, entonces tenemos alternativas.

El hombre, sostiene Raymond Aron, posee ya conciencia colectiva de haber emprendido una aventura en la que se juega el alma y la existencia y vive una exploración inacabada. «No se resigna a no pensar, a no desear un porvenir». Si Aron acierta, los conductores sociales del siglo XXI, en promedio, deberían haber alcanzado esa etapa y podríamos suponer que nos movemos hacia un mundo más equilibrado. Es obvio que existen millones de seres humanos que, viviendo bajo totalitarismos políticos o fanatismos religiosos, no comparten ni piensan en la tesis de Aron, y otros ven con preocupación la irresponsabilidad con la que a veces se manejan las relaciones entre la tecnología y el desarrollo económico y social.

Capítulo 6

La valoración del talento

Transeúnte, ésta es la tumba de Diofanto: es él quien con esta sorprendente distribución te dice el número de años que vivió. Su niñez ocupó la sexta parte de su vida; después, durante la doceava parte su mejilla se cubrió con el primer bozo. Pasó aún una séptima parte de su vida antes de tomar esposa y, cinco años después, tuvo un precioso niño que, una vez alcanzada la mitad de la edad de su padre, pereció de una muerte desgraciada. Su padre tuvo que sobrevivirle, llorándole, durante cuatro años. De todo esto se deduce su edad.

Diofanto de Alejandría (probablemente siglo III d. C.)

Los griegos no avanzaron mucho más allá del pie de la bota italiana, aunque sus andanzas los llevaron más lejos, probablemente hasta el borde del Atlántico y su influencia cultural hacia Occidente, fluye principalmente a través de Italia. El centro de la península estaba bajo el control de varias tribus llamadas latinas o italianas; el Norte en manos de los etruscos.

Roma fue fundada hacia en el año 753 a. C., sin embargo, existen en la zona algunas tumbas que, de acuerdo con los expertos, tienen una antigüedad mayor. Los etruscos fueron el grupo dominante durante los primeros tres siglos de la existencia de Roma. Hacia el año 475 a. C. el poderío etrusco queda muy debilitado tras una serie de derrotas navales frente a los griegos, que estaban en plena expansión, y las persistentes invasiones de los bárbaros del norte. Estos últimos tomaron y devastaron la pequeña ciudad romana en el año 390 a. C. y de este modo allanaron el camino a la tribus itálicas. A comienzos del siglo III, los itálicos se imponen al resto de las tribus de la península y se transforman por primera vez en una amenaza para los griegos y sus asentamientos en el sur de Italia.

En una primera etapa, los griegos derrotan sistemáticamente a los romanos (Guerras Pírricas) en alianza con los cartagineses. Pero estos últimos deciden luego aliarse con Roma contra los griegos bajo el supuesto de que lo romanos eran más débiles que los griegos. En pocos años los papeles se invierten y ahora la guerra es entre Roma y Cartago (Guerras Púnicas). Esto ocurre en el año 264 a. C. y en el siguiente siglo Roma se yergue como el poder militar y económico más importante del Mediterráneo. Gradualmente va extendiendo sus fronteras hasta alcanzar España e Inglaterra al Occidente y nuevamente los valles fluviales del norte de África y Asia Menor.

Se ha dicho que los romanos absorbieron de Grecia el arte, la religión y la corrupción. Que no estimularon la ciencia, se limitaron a aplicar los conocimientos preexistentes y concentraron sus esfuerzos en el desarrollo de las ciencias sociales, en particular el derecho. Este frecuente resumen no es otra cosa que una falsificación de la historia.

Roma fue un fenómeno histórico considerablemente más complicado y el Imperio absorbió muchas cosas del mundo griego y del Medio Oriente. Parece evidente que el proceso de institucionalización iniciado en Grecia, que tuvo continuidad en el Museo y en la Biblioteca de Alejandría, no recibió en la Roma de los primeros tiempos un impulso adicional. Tanto la educación como la generación de nuevos conocimientos fueron en cierto modo librados al azar en sus primeras etapas. Fue ésta sin duda alguna la mayor deficiencia de la República romana y continuó siéndolo durante los años del Imperio.

Por el contrario, otras tecnologías sociales recibieron un poderoso impulso y se alcanza un peculiar nivel de detalle en la normativa de obligaciones y derechos de ciudadanos, gobernantes o visitantes. No son pocas las constituciones, códigos civiles y otros instrumentos legales de la actualidad que derivan de los romanos. Por otra parte, el legado en arquitectura e ingeniería es impresionante.

La educación, que entre griegos y alejandrinos comenzaba a tener importancia creciente y que sin haber llegado a trasformarse en un asunto de Estado era una actividad socialmente valorada, es relegada por los romanos a la iniciativa de cada ciudadano. Tal cosa significó que ésta se limitara a los grupos más ricos y que frecuentemente la responsabilidad de conducirla estuviese en manos de esclavos griegos. El énfasis de la nueva República está centrado en el comercio, la navegación, el desarrollo de técnicas sociales, la arquitectura y, sin un esfuerzo enorme de originalidad, en la escultura y la literatura.

Las frecuentes guerras que Roma emprendió fueron, como en el pasado, una fuente de innovación tecnológica. Muchos instrumentos y técnicas se perfeccionan durante el auge de Roma y las legiones fueron dotadas primero con las cotas de malla y luego por armaduras con láminas imbricadas que les daban protección y flexibilidad. La artillería organizada fue un invento romano con sus lanzaderas de piedras de hasta 22 kilogramos y alcance de 300 metros y otras de menor peso que podían llegar a 450 metros de distancia y a una velocidad superior a 180 kilómetros por hora gracias a un complejo de trenzas de cuerda cuyo efecto era similar al de grandes resortes. Las grandes ballestas, como el llamado «escorpión», lanzaban grandes flechas capaces de perforar cualquier armadura a buena distancia. Cada legión avanzaba con su «artillería», se protegía formando cúpulas con sus fuertes escudos y sus movimientos recuerdan la forma actual de actuar de las policías antimotines.

Pero parece ser que la conciencia histórica se fue diluyendo en el pragmatismo cotidiano. Gibbon, Wells y otros estudiosos de Roma han concluido que la gran mayoría de los ciudadanos romanos vivía en la mayor ignorancia sobre la historia de los pueblos que los precedieron, e incluso conocían poco sobre lo que acontecía fuera de las puertas de la ciudad y menos sobre los pueblos que conquistaban, actitud que por lo demás no ha sido muy distinta a la de los habitantes de otros grandes imperios, incluso en siglos recientes.

En Roma surgen por primera vez actitudes e instituciones similares a las que poseemos en la actualidad, pero las mismas van a coexistir en un entorno cultural que tiende a bloquear su desarrollo. Una paradoja ya que, junto al esfuerzo por crear armonía entre conceptos como el de república y cierto ejercicio de la democracia, se preservan miles de esclavos y una creciente masa de pobres que vive bajo un clima de generalizada superstición e ignorancia. Aquí nace el mundo de las finanzas, los contratos y las diversas complejidades legales que van a caracterizar el mundo del comercio hasta nuestros días. Junto a capitanes de empresas, industrias de complejo desarrollo y mercados de ultramar persisten gladiadores en la arena y la esclavitud. Bastante ausente estaba un premio social a la creatividad, mientras que se admiraba, quizás en demasía, riqueza y ostentación.

En Roma ocurre un fenómeno que podemos comparar con los países del Tercer Mundo en el siglo XX y comienzos del XXI: se desarrollan las instituciones del mundo moderno, pero éstas carecen del soporte y del control de una población educada, capaz de exigir a sus gobernantes dotes como probidad, eficiencia y dedicación. Las instituciones terminan siendo eficaces para garantizar el usufructo del poder a una pequeña y enriquecida minoría de patricios romanos, pero inadecuadas para llevar el beneficio del progreso a las grandes masas. Sin ese soporte social que significa la educación y la generación sistemática de nuevos conocimientos, el desarrollo institucional estaba condenado a fracasar, a corromperse y a desaparecer, como en efecto ocurrió. Éste no fue un fenómeno exclusivo de Roma, pero quizás se hace más patente porque tanto la ciudad como el Imperio alcanzaron dimensiones no conocidas.

El Imperio romano pasa por varias etapas. Al comienzo suma la austeridad y laboriosidad campesina con el espíritu helénico y crece, con sus propios recursos, como un centro de intercambio comercial rodeado de tribus agrícolas y pastores. Catón compara, con añoranza, la primera etapa romana con aquella de la decadencia:

Cuando nuestros antepasados deseaban elogiar a un hombre de sustancia, lo describían como un buen arador o granjero. ¡Esta era la mejor forma de elogiar! Luego apunta con ironía: mirad a ese valioso ciudadano, salta del carruaje, hace piruetas, dice algunos chistes y juegos de palabra. Luego canta o recita poemas griegos y hace otras piruetas.

Polibio, a su vez, describe a los romanos de la decadencia:

[...] los jóvenes se abandonan a los más vergonzosos excesos [...] a todas las formas de diversión, fiestas lujos y disipación.

Los romanos ampliaron hacia el Norte y Occidente las fronteras de los imperios precedentes. La ampliación de la frontera climática y las numerosas campañas resultaron ser un estímulo interesante para el perfeccionamiento de técnicas e instrumentos de guerra, navíos, vestimenta, transporte y agricultura. Por ejemplo, las tecnologías médicas, si bien básicamente sustentadas en conocimientos previos, avanzan con el diseño de nuevos instrumentos quirúrgicos y técnicas de diagnóstico. Pero la principal contribución romana a la medicina fue la construcción de hospitales y dispensarios.

El origen de las instituciones de asistencia médica es realmente curioso. Se inició por la deshumanizada práctica de abandonar a los esclavos enfermos en la isla que actualmente se llama San Bartolomé, en el Tíber. Luego, bajo el gobierno de Claudio (41-45 d. C.), la isla se transformó en un refugio de enfermos pobres y además decidió que los esclavos enfermos que sanaran no tenían que retornar a sus amos.

El impulso a la institución hospitalaria fue consecuencia de la intensa actividad militar. Del provisional puesto de emergencia en el campo de batalla se pasó al desarrollo de dispensarios de mayor permanencia. En las primeras etapas los soldados heridos, como ocurrió en las culturas previas, eran simplemente enviados a sus casas o licenciados para que se dirigiesen adonde pudiesen. Al alejarse las operaciones militares de Roma y otras ciudades, resultó conveniente crear centros de recuperación cerca de los teatros de operaciones bélicas. Derrotado el enemigo, los campamentos se transformaron en poblados y los dispensarios persistieron. Buen número de las instituciones piadosas y los hospicios para enfermos, locos y otros desvalidos, ya comunes en la Edad Media, tienen su origen en los hospitales de campaña romanos.

Galeno de Pérgamo (129-199 d. C.) es el más conocido intérprete de la medicina helénica en Roma. Como muchos otros, realizó sus estudios en Alejandría cuando aún brillaba como centro de entrenamiento médico. Las minuciosas descripciones de Galeno, su razonable conocimiento anatómico para la época y las técnicas de diagnóstico y cirugía constituyen el puente entre Alejandría y Europa. Lamentablemente, Galeno pertenecía a la llamada escuela estoica, que estaba animada por una filosofía fatalista y vitalista de las enfermedades, visión que resultó adecuada tanto para el cristianismo como para el islam y que por consiguiente va a caracterizar a la medicina durante toda la Edad Media. Galeno se transforma en el paradigma de la medicina durante diecisiete siglos, aunque no deja escuela y las disecciones realizadas por sus maestros en Alejandría y algunas probablemente realizadas por Galeno en Roma sobre monos constituyen las últimas observaciones directas de los médicos de Occidente por muchos siglos.

Sin embargo, la cirugía tuvo un desarrollo interesante y se han preservado, casi intactos, algunos juegos de instrumentos que incluyen bisturí, diversos tipos de pinza, retractores y otros muy similares a los empleados en los siglos XVIII y XIX. Existe cierta evidencia de intervenciones quirúrgicas tan elaboradas como el tratamiento de várices y hasta cirugía estética para elevar los párpados.

Pero mientras fenece en Roma la escuela médica helénica, nacen otras corrientes. Las crónicas que critican la especulación, la corrupción y las grandes fortunas de la Roma imperial revelan igualmente el desarrollo de algunas tecnologías novedosas. Por ejemplo, en los últimos años de la República e inicios del Imperio la gastronomía se desarrolló en forma importante. De ello existen evidencias como *De Re Coquinaria*, de Apicius, con muchas recetas que se conservan hasta nuestros días (Pantke, 1993).

Las dietas de los pueblos de la antigüedad eran muy simples: diversos tipos de pan y platos basados en otros cereales (trigo, avena, centeno); aves y carnes rojas; leche y algunos quesos poco fermentados; cerveza, vino, frutas y algunos peces. Pocas especias, sal en cantidades muy reducidas, miel y algunas hierbas. En Roma nace la sensualidad de la mesa y esta demanda genera cierto desarrollo tecnológico. Así surgieron en el Mediterráneo zonas para el «engorde» de peces que luego se extendieron a moluscos y crustáceos en Grecia, la costa de Asia Menor, Egipto y la misma Península Ibérica.

Estos primeros experimentos en agricultura evidentemente exigieron conocimientos sobre biología de las especies sometidas a engorde. Algunas granjas marinas alcanzaron gran éxito (difícil saber si por dominar las técnicas y tener alta productividad o por utilizar exclusivamente mano esclava) y Lúculo (110-73 a. C.) dejó como herencia unos 40 millones de sestercios obtenidos tanto en la guerra como por la explotación de organismos marinos y sus huertos, así como la fama de su mansión, que contaba con doce comedores y donde se servían los mejores banquetes de Roma.

Algo similar ocurre con la horticultura. Los romanos transplantaron, recolectaron semillas y llevaron a Roma numerosas estacas de árboles frutales diversos. Cerezas y melones figuran como plantas introducidas y aclimatadas en Italia y se cita a Lúculo como responsable de plantar los primeros cerezos. De igual modo, perfeccionaron cultivos como el de la vid y buena parte de las técnicas para obtener vino y fermentar quesos que se emplean en al actualidad tienen su origen en esta época. Este esfuerzo tecnológico, esencialmente orientado por la insaciable gula romana, pagará dividendos económicos en los años subsiguientes. De la simple mesa romana del siglo III a. C., se alcanzó una etapa en la cual existen referencias a más de mil platos distintos.

Otra industria que se desarrolló en Roma fue la textil. Los romanos absorbieron técnicas y artesanos procedentes de Egipto, Asia Menor y Grecia. Pero además de nuevas tecnologías, lo romanos innovaron sobre los modos de producción. Aparecen los primeros talleres que, por su magnitud, casi podían recibir el nombre de fábricas. Además, la intensidad y el volumen que adquirió el comercio determinaron igualmente la necesidad de estandarización en longitudes y medidas. Éste fue sin duda un serio problema (de hecho sigue siéndolo) a pesar del empleo de nombres similares. Así, las denominaciones de *vara* y *codo* proceden de Babilonia, pero la *vara babilónica* (estimada en 0,495 m) se parece más al *codo egipcio* (0,52) o al griego (0,46). De Roma heredamos muchas medidas, el *pie*, el *pie cuadrado*, el *paso*, el *palmo*, la *mano*, los *mil pasos* o milla (*mille passus* o 1.478,5 m), el *ánfora* (26,26 l), la *libra* (0,327 g) y su precisión alcanzó medidas como la *onza* (*uncia* de 27,28 g) y el *scriptullum* (de apenas 1,1 g). En el otro extremo se encontraban la *centuria* (503.640 m^2) y el *salto* (2.014.600 m^2).

En el terreno de la construcción fue el que registró el mayor desarrollo tecnológico de Roma. Los productos de la ingeniería romana son bien conocidos. Puentes, acueductos, arcos, bóvedas, columnas, anfiteatros, baños públicos y muchas otras obras civiles denotan el dominio de las técnicas precedentes de construcción y muchas innovaciones. La base de todo ello parece estar en el arco, el excelente cemento que fue desarrollado a partir de materiales volcánicos abundantes en el sur de Italia y la artesanía griega que tuvo en esa zona gran influencia. El mosaico es desarrollado con una gran variedad de formas y colores, tecnología de cocción y buen conocimiento de los materiales cerámicos requeridos. La carencia del cálculo de estructuras fue suplida por la imitación y la experimentación.

El desarrollo urbano y las características de la organización del Estado romano determinaron un impulso notable de la ingeniería debido a la proliferación de edificios públicos y el incesante crecimiento de la población. Durante la República, las obras civiles fueron estimuladas. La presentación de obras y espectáculos, un mecanismo para adquirir votos y apoyo político, determinó la construcción de numerosas obras civiles, de hecho, muchos servicios públicos. Con frecuencia los romanos se vanagloriaban, y con buena razón, señalando que los acueductos, baños y foros cumplían una función útil a diferencia de las pirámides o algunos monumentos griegos.

En Roma, las limitaciones de espacio y el costo del transporte de agua estimularon la aparición de un nuevo tipo de vivienda que recibió el nombre de *insulae* (islas) y que tenían usualmente tres pisos. Éstas se convirtieron en una solución arquitectónica con gran similitud a la de los edificios de apartamentos de la actualidad. Un censo realizado en Roma hacia el año 300 a. C. dio como resultado apenas 1.797 casas aisladas y 46.602 *insulae*. Este tipo de vivienda, equivalente al condominio actual, estimuló la tecnología cerrajera y fueron inventados cilindros, cerraduras y llaves cuyos principios básicos son similares a los que actualmente empleamos. De igual modo se desarrolló la tecnología del vidrio plano para permitir el paso del sol a través de las ventanas.

También en el período republicano se diseñaron los primeros sistemas de calefacción central mediante la construcción de una red de canales que estaban ubicados debajo de los pisos de madera. Sin embargo, esta comodidad doméstica sólo era accesible a los muy ricos que podían destinar un esclavo al continuo mantenimiento del fuego a lo largo del invierno.

El crecimiento de Roma, que posiblemente llegó a tener cerca de un millón de habitantes, generó demandas que se transformaron en importantes innovaciones: edificios de apartamentos, algunos supuestamente hasta de ocho pisos, con evidencia sólida de aquellos con cinco, y no eran raros los de tres. También constituyen una innovación las ventanas de doble vidrio que aseguraban la preservación del calor interior sin bloquear la luz. La red de distribución de agua se amplió y llegó a suministrar 250 millones de litros a través de un sistema de nueve acueductos.

El concreto fue desarrollado en los primeros tiempos de la República. La mezcla de grava, piedra caliza y arenisca volcánica, materiales disponibles en buena parte del sur de Italia, abrieron esta alternativa. Sin embargo, es curioso señalar que este concreto siempre fue utilizado en combinación con otros materiales, rocas y piedras planas, a pesar de que las mismas en poco o nada incrementaban la resistencia.

Se desarrollaron tres tecnologías básicas de construcción que recibieron la designación de *opus testaceum, opus incertum* y *opus reticulatum*. La primera consistía en paredes de concreto con piedras insertadas; la segunda una combinación de concreto oculto por apretados ladrillos, y la tercera pirámides de piedra labrada que formaban figuras a manera de un diamante, igualmente embebidas en un lecho de concreto. El aspecto general era logrado mediante la utilización de piedras de formas y colores diversos que dejan esa impresión de mayor diversidad en las edificaciones romanas cuando se las compara con las sobrias líneas y columnas de sus predecesores griegos.

El arco y la bóveda, así como la combinación de ambos, constituyen innovaciones tecnológicas romanas. El arco es un invento extraordinario y será por casi 1.500 años el principio básico de la arquitectura. La bóveda es una simple pero ingeniosa prolongación del arco y, junto al primero, será el sustentáculo de la arquitectura romana y medieval.

Los cuatro pisos del Coliseo, su enorme capacidad, sus sótanos y sus galerías, además de sus 76 puntos de ingreso y salida que permitían la circulación hasta de 50 mil personas en menos de veinte minutos, ilustra la magnitud de esta obra, predecesora de los estadios modernos y superior en capacidad a muchos de ellos. Representa, junto al Panteón, las dos obras máximas del Imperio romano. El Panteón posee otras innovaciones, como su gigantesca bóveda (43 m de diámetro) donde el *cimentum* o cemento va siendo aligerado en peso en la medida que se aproxima al centro de la bóveda, a la que se añadió piedra pómez, y finalmente concluye en un orificio de 11,5 m de diámetro.

Presionados por el crecimiento en torno al Tíber en una primera etapa y luego por la necesidad de mover tropas con agilidad, la actividad de construir puentes fue sacralizada en Roma. Señala la tradición que para tranquilizar a los dioses un grupo de sacerdotes reparaba y reconstruía los primeros puentes sobre el Tíber. De allí viene el término pontífice (*pontifex*) que sería empleado para designar a la alta jerarquía religiosa romana y más tarde también absorbido por la Iglesia católica. Los puentes y acueductos romanos adquirieron dimensiones extraordinarias. Apenas como un ejemplo, el puente sobre el Guadiana, en Mérida, tenía 700 metros de largo y 9 de alto. Más corto que el anterior, el puente de Lacer, en Alcántara, tiene una sección que se eleva en un punto a más de 50 metros sobre el lecho del río. Estos dos ejemplos ilustran la exportación de las técnicas de construcción a lugares tan alejados de Roma como la Península Ibérica y el sur de Inglaterra.

Los sistemas locales de distribución de agua fueron construidos con tubos de plomo. La técnica del laminado y doblaje del plomo se dominó con gran eficacia, a pesar de la inexistencia de máquinas. La selección de este material tuvo razones esencialmente económicas. Poco se conocía en la época sobre los efectos tóxicos de las sales de plomo, a pesar de que Vitrobio, uno de los ingenieros romanos más destacados del último siglo antes de Cristo, escribió sobre los riesgos de esta práctica. El envenenamiento con plomo debió haber sido un fenómeno común en la época ya que no sólo las tuberías eran construidas con este material, sino que un elevado número de recipientes de plomo eran empleados en la cocina o en el almacenamiento de vino.

Las técnicas del vidrio, el cemento, las bases de concreto, los acueductos, los baños y retretes públicos y la eliminación de aguas servidas, elementos esenciales en las grandes urbes de la actualidad, fueron desarrolladas hace más de 2 mil años en Roma. A la par, son empleados otros metales y productos de los mismos, como el alambre, el latón, el bronce y las ya mencionadas tuberías de plomo.

El desarrollo de la arquitectura, la ingeniería, el urbanismo y las tecnologías bélicas alcanzan su máxima expresión en los 220 años que van desde la toma del poder por Julio César (40 a. C.) hasta la época de Marco Aurelio, hacia finales del siglo II d. C. Varios ingenieros-arquitectos han pasado a la historia. Agripa (63 a. C.-12 d. C.) fue una curiosa mezcla de ingeniero y estratega militar. Por largos años estuvo estrechamente asociado al emperador Augusto y ocupó una especie de ministerio de obras públicas. Vitrobio, que junto a Plinio (23-79 d. C.) constituye la más valiosa fuente de información sobre la vida romana, escribe sobre la mayoría de las tecnologías de la época. Tras la destrucción parcial de Roma bajo el gobierno de Nerón, destacan Severus y Celer en las obras de reconstrucción. Más tarde, bajo el mandato de Trajano, el arquitecto oficial de Roma es Apolodoro de Damasco, quien introduce diversos motivos orientales en la sobriedad romana.

Cierta simplificación de la vida cortesana y eficiencia en el gobierno caracteriza a Roma entre los años 96 y 180 d. C., bajo los sucesivos mandatos de Vespasiano, Tito, Domiciano, Nerva, Trajano, Adriano, Antonio y Marco Aurelio. De nuevo el interés por los edificios públicos se estimula y se amplían los acueductos, se mejoran las carreteras y se construyen numerosos baños públicos. Bajo el mandato de Adriano, en particular, el estilo y la ingeniería romana se exportan para finalmente cubrir desde el Danubio hasta el Guadalquivir, desde Damasco hasta el norte de la actual Inglaterra.

Los dos siglos previos al inicio de la decadencia constituyen el teatro de algunas innovaciones interesantes. La prensa de vino, que venía utilizándose sin mayores modificaciones desde Grecia, ve su eficiencia incrementada con el empleo de tornillos. Las norias se modernizan y las ruedas utilizadas inicialmente para elevar agua se transforman en molinos de tipo rotatorio con complejos engranajes de madera, moderado uso de bronce y hierro. Los molinos activados por agua comenzaron a ser cada vez más abundantes y modificaron la estructura económica de las operaciones relacionadas al trigo. En Roma llegaron a funcionar varias «baterías de molinos» movidas por esclavos o burros que, vinculadas a redes de distribución, constituyen el embrión de las organizaciones industriales modernas. Naturalmente, este tipo de molino fue también empleado en la extracción de aceite de oliva. Resulta interesante señalar que fue durante los años del Imperio cuando a un ingenioso desconocido se le ocurrió utilizar un acueducto para transportar aceite de oliva aprovechando su inmiscibilidad con el agua.

Bajo el gobierno de Marco Aurelio y entre los años 164 y 180 d. C. la peste bubónica llega a Roma. La decadencia no es sólo producto de la peste o de las recurrentes invasiones de los bárbaros de Norte. La organización económica y social atentaba contra la estabilidad: una exagerada concentración de la riqueza en pocas manos y una creciente masa de esclavos y pobres que no recibían mayores estímulos o alternativas de progreso social. El clima intelectual produce figuras como Lucrecio y Séneca, pero está limitado a una aristocracia que ya ni siquiera está muy dispuesta a participar en la guerra. Un limitado número de romanos aprecia las obras de Ovidio, Horacio o Plutarco, pero las grandes masas tienen menos interés en la grandeza romana y más en sus propios problemas de supervivencia. Cuando los bárbaros invaden Roma, la población actuó con notable indiferencia y dejó la defensa del Imperio en manos de legiones de mercenarios.

La educación cobra cierta importancia en los dos siglos que preceden la caída del Imperio, pero es un esfuerzo tardío y mediatizado por sectas y religiones que han llegado a Roma procedentes de todos los confines del Imperio. En los 337 años que van desde el nacimiento de Cristo hasta la adopción del cristianismo por parte de Constantino y su oficialización, Roma es escenario de un peculiar proceso religioso. Roma absorbe todos los cultos de sus colonias y los suman a los dioses de la mitología greco-romana. La sociedad se impregna de un misticismo múltiple e intolerancias que erosionan el liberalismo helénico y la simplicidad de los cultos etruscos e itálicos. En la literatura domina la ficción y en las calles impera la superstición, lo que dibuja un ambiente explotado por los políticos y con frecuencia el fanatismo es manejado por los demagogos, que al final impiden cambios en la estructura económica y social. El conocimiento, que los griegos lograron desvincular de los templos, va retornando gradualmente éstos para mezclarse íntimamente con la superstición.

Entre los romanos cultos, Séneca es uno de los pocos que dice algo sobre la importancia de la investigación para develar «[...] los misterios de la naturaleza que ahora están ocultos», más un ejercicio de salón que la expresión de una voluntad política en el Estado romano en relación con la ciencia. En efecto, el hecho de que la ciencia y la tecnología sólo se desarrollaran en Roma como respuesta contingente a las demandas económicas, pero sin plan ni concierto, sin prioridades, inversiones o formación orientada de recursos humanos, determinó que cada crisis pescaba a Roma sin talento para reaccionar. Roma va decayendo porque ya no hay innovación, y no la hay porque la mayoría de los habitantes del Imperio no tienen acceso al conocimiento ni interés en seguir trabajando para enriquecer aún más a la aristocracia romana.

No menos importante en la decadencia romana es el agotamiento de los recursos naturales. Como las ciudades mayas, la urbe se ha tragado los bosques, los suelos cercanos están agotados, la erosión avanza. Hierro, carbón y madera son recursos escasos en Italia y otras localidades del Mediterráneo. El Tíber está contaminado por la *cloaca máxima* que arroja en él todos los desperdicios de la ciudad. La intoxicación por plomo es frecuente. Las epidemias, producto de la concentración urbana y la inexistencia de una tecnología preventiva, barren periódicamente con la población.

El evidente desarrollo tecnológico de Roma no tiene una retroalimentación con la ciencia. Cada tecnología avanza hasta un cierto punto y allí se detiene. La tecnología sin una orientación tampoco produce instrumentos para el avance de la ciencia. Serán necesarios varios siglos para que cuando los tecnólogos suministraran microscopios y telescopios a los científicos ocurriera un nuevo y vigoroso despertar del progreso. La sistemática castración de la libertad intelectual en Roma alcanza su máxima expresión con Diocleciano, quien acorralado por la crisis promulgó leyes que obligaban a cada hijo a ejercer el oficio del padre y congeló todos los precios y salarios. Tales medidas, como ocurre en el mundo moderno, no lograron otra cosa que reducir la inventiva y reducir la productividad.

Las guerras civiles que asolaron el imperio entre 250 y 300 d. C. erosionaron las bases institucionales y debilitaron la fuerza militar, y los bárbaros, que por cierto no lo eran tanto, fueron ganando terreno continuamente. Hasta para el observador superficial, la caída de este gigantesco Imperio bajos tribus bárbaras del Norte resulta sorprendente. Estos grupos, si bien carentes de la tradición, las leyes y el poder económico de Roma, no eran huestes desorganizadas y salvajes. Roma se había encargado de diseminar al norte y centro de Europa buena parte de las familias tecnológicas que había dominado. Además, la inclemencia del clima en el Norte había estimulado, bajo un gobierno más liberal, la inventiva. Así, entre estas tribus se venía desarrollando una serie de técnicas en torno al caballo, en los comienzos muy simples, pero cuando ocurre la confrontación entre las disciplinadas legiones romanas y los bárbaros en el siglo III, estos ya poseen herraduras, sillas adecuadas, cinchas y estribos. Estos últimos, esa simple piececilla que parece tan trivial en nuestros días, son el punto de partida de toda una nueva tecnología de guerra. Abren la posibilidad para que un hombre a caballo pueda manejar diversas armas con ambas manos. Existe evidencia de que los estribos eran comunes entre los integrantes de la caballería china en el siglo IV.

La caballería, con lanzas, mazos, picas, rapidez y maniobrabilidad, será una poderosa máquina de guerra. Los bárbaros ya habían adquirido los arados y los molinos romanos, dominaban la tecnología del bronce y del hierro. Pronto fueron capaces de construir catapultas y ballestas. Al sumar a esto una organizada caballería, lograron aplastar a las bien organizadas pero ya algo monótonas legiones romanas. Esa difusión tecnológica ya había alcanzado a los celtas de la actual Inglaterra en los tiempos de Julio César quien, no sin cierta sorpresa, al invadir las islas encontró que los habitantes supuestamente muy primitivos de Britania, empleaban carros de guerra similares a los romanos.

Capítulo 7

Vida y tecnología medieval

La respuesta tecnológica frente a la caballería y las hordas a pie son el castillo y los poblados amurallados. El castillo, que aún nos fascina, tendrá éxito por varios siglos y sus paredes irán aumentando tanto en altura como en grosor. En una primera etapa son construidos con una mezcla de madera, barro y piedras; luego las grandes construcciones de piedra se iniciaron en los siglos IX y X, a veces en paralelo con las iglesias de estilo románico y los monasterios. Algunos autores suponen que el más antiguo, de los que se preservan ruinas, es uno ubicado en el valle de Loira, Doue-la-Fontaine, construido hacia 950. En los siglos XI, XII y XIII se añaden fosos, almenas, depósitos para el grano y el agua, caballerizas y muchas otras cosas esenciales para vivir, al menos cierto tiempo, durante algún asedio.

En los espacios abiertos la caballería adquiere creciente importancia y se transforma en el complemento necesario para la infantería y los arqueros en todos los ejércitos. Hay mejoras en la protección personal (yelmos, petos, armaduras) y progreso en el diseño de los arcos y en la calidad de las espadas y lanzas. ¿Pero qué ocurre antes, en los casi cinco siglos que transcurren desde el desmembramiento del Imperio romano y el siglo X?

En una primera etapa no hay mayores cambios en las tecnologías agrícolas, salvo sistemas más elaborados de rotación y quizás mayor precisión en las épocas de siembra. La actividad artesanal de las viejas ciudades romanas se encuentra deprimida por la desorganización. Las cadenas de comercialización del Mediterráneo se han fracturado. Las aisladas comunidades se esfuerzan por lograr cierto grado de autosuficiencia y el tamaño de las ciudades es modesto. Londres y París, según documentos de la época, oscilaron entre apenas 10 mil y 100 mil habitantes, con lapsos de crecimiento y decadencia.

Cinco siglos son un lapso demasiado largo como para ignorar o pensar que, en lo tecnológico y en lo social, no ocurrieran cosas importantes; sin embargo, parece que así fue. Europa oriental preservó en cierta medida las mismas condiciones existentes cuando los romanos sojuzgaron temporalmente a los numerosos grupos tribales, algunos caracterizados por su movilidad otros por una mayor permanencia en zonas con un clima adverso.

Al Occidente, donde la influencia romana fue mayor, el panorama es descrito por Wells y otros historiadores como un tiempo sin ley, sin administración formal, sin instituciones educativas y con un frecuente estado de guerra entre comunidades o grupos étnicos vecinos bajo la conducción de caudillos locales.

El individuo, señala Wells, vivía bajo total inseguridad y necesariamente se vinculaba con alguien más fuerte, aquí un obispo convertido en líder, más allá alguien que se había apoderado de buenas tierras o poseía más conocimientos bélicos. Poco a poco esos grupos aumentan en número y se comienza a dibujar un nuevo sistema donde la comunidad se agrupa en torno a un «hombre fuerte» que dicta las reglas. Buena parte de Europa occidental muestra un panorama fragmentado, con pocos liderazgos que trascienden los límites de la comunidad. Esas comunidades pertenecen a grupos mayores, sajones, celtas, francos, visigodos, hunos, suevos, vándalos y otros.

No existe uniformidad en las relaciones sociales y aunque se ha empleado el término *feudalismo* para describirlo, la naturaleza de las relaciones entre el señor, el *fief*, es decir, el trozo de tierra de donde el vasallo obtenía su sustento, pero que era de hecho propiedad del señor, aún distinta en cada localidad, constituye la principal institución de la época.

Algunas figuras destacan, como el caso del reino de los francos bajo Clovis (481-511) en la zona donde se encuentra la actual Bélgica, pero luego el mismo es repartido entre sus cuatro hijos. Distintos idiomas constituyen otra gran barrera para la unión de los grupos y en áreas relativamente pequeñas dominan influencias diferentes. En el área de influencia de los francos se hablan dialectos latinizados, a la par de los llamados altos y bajos germánicos, el rumanash, flamenco y las lenguas que luego darán lugar al danés, el holandés y otras de influencia sajona. Un «alcalde de palacio», suerte de administrador del rey, Pepin de Haristhal, se hace de cierto poder, y su hijo, Carlos Martel, será quien detenga a los árabes en las cercanías de Poitiers en el año 732 mientras ejercía un cargo similar al de su padre en el llamado reino de Neustria. Martel luego divide su territorio entre sus hijos y uno de ellos, Pepin o Pepino el Breve, se hace rey de los merovingios en el año 751.

El hijo de Pepin o Pepino el Breve efectúa el mayor esfuerzo de unificación europea (franco-alemana, si empleamos términos modernos). Se trata de Carlomagno (Charlemagne, 747-814), que funda el llamado Imperio carolingio uniendo Neustria y Australia, así como la Lombardía, pero esto sólo dura hasta la muerte de su nieto Luis (840) y de nuevo se fragmenta el centro de Europa. Oton I (912-973), más de un siglo después, en 962, unifica parte de esa geografía bajo el nombre de Sacro Imperio Romano Germánico, del cual es rey y pontífice. De Carlomagno se conserva aún la Catedral (Aquisgrán, en Alemania, la antigua Aix-la-Chapelle) uno de los más elegantes edificios de la época construido por Eudes de Metz, apoyado por trabajadores italianos y bizantinos

En el otro extremo de Europa, la actual Inglaterra es invadida en varias oportunidades y hacia el siglo VII contiene varias grandes unidades; el oeste de Gales con los britones; el norte de Gales con un grupo britón diferente; al oeste de la isla los anglos del este, los sajones del oeste y los sajones del sur; en el centro se encuentran los «paganos» de Mercia, y al norte la Nortumbria.

Luego, en la misma medida en que los nuevos asentamientos crecen demandan personas que dominen tecnologías asociadas al hierro, al bronce, a la madera, así como a la agricultura y a la construcción. De igual modo, debe satisfacerse la demanda de tejidos y productos de animales domésticos como cueros, lana y huesos. Ocurre una lenta pero continua diversificación de los oficios que practican los vasallos de cada feudo. No ocurre un cambio cualitativo importante, pero sí un crecimiento gradual y un perfeccionamiento de las artesanías. Tal lentitud, característica de la Edad Media, está asociada a la inexistencia de una organización social que le diera valor a la educación. Ésta es considerada como peligrosa para las masas y se limita a la clase gobernante. Sin embargo, ocurren avances en la selección de los animales domésticos y la especialización para la producción de caballos, perros, lana, cueros y otros productos comerciales en ciertas zonas.

Durante la Edad Media, dentro de la Iglesia católica ocurren cambios importantes y también deformaciones, producto del activo papel político. Por otra parte, el proselitismo intenso va acompañado por la preservación —y control— del conocimiento preexistente dentro de los monasterios. Leer y escribir es algo casi limitado al creciente número de órdenes religiosas. Éste es un poder que ubica en el sacerdote la poderosa dualidad de intérprete de los eventos mundanos y puente hacia la otra vida. Decisiones políticas, geográficas, sociales o técnicas, todas son consultadas con los hombres que pueden leer la Biblia y otros libros.

Desde los curatos locales hasta la máxima jerarquía eclesiástica, se entendió el poder del conocimiento. Un modo de preservación de ese poder fue la organización reticular de los monasterios que cubrieron toda Europa y su financiamiento con recursos públicos. Los monasterios también se hicieron con una cuota de tierras y siervos compitiendo a veces con los señores feudales. Tan oneroso resultó el sistema que en los siglos XIII, XIV y XV aparecen en varios países decretos reales prohibiendo nuevas órdenes monásticas, nuevos monasterios o iglesias.

Las grandes ideas de la humanidad quedaron bastante aisladas en los monasterios por varios siglos, pero el hecho de que miles de monjes a todo lo largo de Europa tradujeran y copiaran con paciencia manuscritos griegos, alejandrinos y romanos —un trabajo tesonero pero más amable que labrar la tierra— va colocando los cimientos que más tarde serán aprovechados. No faltan figuras interesantes que escriben, traducen y dejan un legado de las ideas y formas de vivir. Entre ellos vale la pena citar a Teodoro de Tarso (668-690), uno de los primeros arzobispos de Canterbury, y Bede (673-735), quien plasmó sus escritos en 45 volúmenes.

Eruditos y especialistas en la traducción de muchos textos quedaron en el anonimato, otros pasaron a la historia por sus importantes contribuciones: Bede en Inglaterra, Cirilo y Metodio en las tierras de los eslavos y Patricio en Irlanda, son curiosas figuras que combinan el proselitismo con un esfuerzo por reconstruir historias y costumbres, o como en el caso de Cirilo y Metodio, hasta el diseño de un nuevo alfabeto, el cirílico, para acelerar la penetración de la Iglesia en tierras de paganos.

Hacia comienzos del siglo IX la herradura, una tecnología bélica, es introducida en la agricultura, lo que incrementa la eficiencia de los caballos de tiro. La misa constituye una costumbre que determina el desarrollo de varias tecnologías, en particular aquellas vinculadas a la arquitectura. En una primera etapa domina el sobrio y masivo estilo romanesco con sus torres cuadradas, estrechas ventanas y tosco acabado de piedra. Hacia los siglos X y XI ocurre un enriquecimiento del arte y de las técnicas de construcción, animadas por la aspiración de competir con la grandiosidad del máximo templo oriental, Santa Sofía, construido baja el imperio de Justiniano (527-565), sin duda el paradigma religioso-arquitectónico por varios siglos.

Teófilo, un monje alemán del siglo XI, describe minuciosamente muchas técnicas asociadas a la arquitectura religiosa. Su documento cubre desde métodos para iluminar manuscritos hasta la construcción de órganos pasando por recetas para fabricar cola de pegar, instrucciones para fundir campanas, preparar pinturas, cortar vidrio y ciertas fórmulas de alquimia. Este manuscrito ilustra la estrecha asociación existente entre el conocimiento, la tecnología y la religión durante la Edad Media. Quizás el legado más notorio de este período es la arquitectura, con su majestuosidad y evolución desde formas relativamente simples, muy «romanas», hasta las catedrales y monasterios de los siglos XIII y XIV, con notable magnitud y elaborado acabado.

Su evolución ha sido estudiada con lujo de detalles. Se basa en el arco y la bóveda romanos, luego enriquecidos artística y tecnológicamente. La sobriedad inicial es sustituida por el complejo estilo gótico y el arco en punta previamente desarrollado por los árabes. La tecnología del vidrio y del vitral, así como las correspondientes al hierro, bronce, oro, plata y pigmentos, también progresan en la medida que el culto se hace más complejo y majestuoso. Por otra parte, buen número de las tecnologías desarrolladas en Roma persisten sin mayores cambios en la Baja Edad Media. Los mismos molinos de trigo, poleas y cabrestantes, apenas quizás algunos taladros de hierro para perforar el suelo en búsqueda de agua, se suman a la herradura como las innovaciones más importantes.

Ocurren cambios sociales que tendrán enorme importancia. En los cruces de caminos, con el fin de satisfacer la demanda de poblados equidistantes, surgen pequeños establecimientos: una posada y algunos comerciantes y artesanos, hombres libres. Estos pequeños conglomerados no gozan de la protección directa de los señores y su autonomía, así como los riesgos, son fuente de conductas más liberales y emprendedoras que las existentes en los asentamientos agrícolas que rodean al castillo o a la gran casa del señor feudal.

Las majestuosas construcciones y complejos diseños de la arquitectura religiosa estimularon el cálculo de estructuras y la búsqueda de nuevos materiales y soluciones. Lamentablemente el anonimato artesanal era casi la norma y buena parte de las obras aparecen más vinculadas al nombre de los reyes, duques, papas u obispos bajo cuyo mandato o influencia se construyeron. En la Alta Edad Media comienzan a surgir documentos como el *Elementa de ponderis*, de Nemorarius (1237), en el que se abordan problemas de cálculo estructural y de estática, conocimientos requeridos para elevar las bóvedas a más de 40 metros de altura, como fue logrado en algunas catedrales.

Otro aspecto interesante es que la artesanía del vidrio condujo a un creciente interés en la óptica. En este caso bien vale la pena detenernos en Robert Grosseteste (1168-1253) y su alumno, el genial Roger Bacon (1219-1292). Ambos brillan en el mundo medieval. El primero se entusiasma tanto con la óptica que llega a sostener que las leyes de esta ciencia pueden ser utilizadas para explicar todos los fenómenos naturales. El segundo, educado en Oxford y por muchos años profesor en la Universidad de París, profundiza en el estudio de los espejos parabólicos y señala las posibilidades teóricas de los lentes convexos.

Bacon anticipa la posibilidad de construir microscopios y telescopios, clama por máquinas que sean capaces de elevar grandes pesos, especula con la posibilidad de volar y sugiere cosas que hoy recibirían el nombre de automóvil o de submarino. Ancestro conceptual de Leonardo, es simultáneamente un hombre de su tiempo. Dispuesto a imaginar y debatir, a analizar en detalle la obra de Aristóteles o dirimir pequeños detalles teológicos, no tiene mayor interés en vincularse personalmente a una actividad experimental. En uno de sus escritos, Bacon se burla de otro ingenioso monje de la época, Pedro el Peregrino, que aspiraba a utilizar grandes espejos para encender fuego y utilizar como método la experimentación. Pero no debemos, como suele ocurrir en muchos libros sobre el desarrollo de la ciencia, dejar a un lado la influencia de los árabes.

Alrededor del año 800, Ibn Firnas diseñó y probó un artefacto volador. Este mismo ingenioso cordobés inventó un reloj mecánico que precede a los desarrollos europeos posteriores. Algo similar ocurre con ciertos principios de la óptica y muchos de las matemáticas que usualmente son asignados a europeos. Los espejos, supuestamente venecianos, se utilizaban en Siria en el siglo IX y en España en el siglo XI. En el siglo XI, algunos cientos de años antes de los experimentos de Newton, Al-Haytam descubre que la luz blanca está compuesta por varios colores, así como Thabit bin Qurrah (siglo IX) y Abu'l Wafa (siglo X) emplean el álgebra en geometría.

Pocos años después de Bacon y Grosseteste, un artífice anónimo inventó los lentes para corregir la presbicia, sin duda un desarrollo tecnológico de extraordinaria importancia. Los lentes correctores de la presbicia prolongaron por muchos años la vida útil de monjes y artesanos, ya que esta enfermedad se manifiesta a la edad en que se ha adquirido experiencia y madurez y cuando aún la senectud está distante. Si este desconocido artesano medieval llegó a la solución tecnológica animado por las especulaciones teóricas previas sobre óptica, nunca lo sabremos. Pero lo cierto es que le prestó un servicio invalorable al progreso de la humanidad.

En Edad Media surgen demandas sociales importantes. Los asentamientos agrícolas crecen en número y densidad a pesar del hambre, las epidemias y una brutal mortalidad infantil, la población europea aumenta. Como en las antiguas civilizaciones, la deforestación y el agotamiento de los suelos generan tensiones y conflictos. De allí algunos esfuerzos por legislar y preservar bosques, en particular cuando éstos están asociados a fuentes de agua.

Las primeras explotaciones de carbón en gran escala datan del siglo XIII. El registro más antiguo de una concesión minera con este propósito en Inglaterra corresponde a un edicto de Enrique I en 1239, en Newcastle. Actividades similares se realizan en el resto de Europa y se registran avances en las tecnologías de extracción. El empleo de energía fósil será el soporte básico, siglos después, de la Revolución industrial.

El crecimiento poblacional estimula tanto la producción de cereales como la molienda de trigo y otros granos. Esta actividad, parte de una economía doméstica durante la baja Edad Media, recobra la importancia que tuvo en Roma cuando comienzan a crecer los poblados, pero en una primera etapa lo que ocurre es una proliferación de pequeños molinos ubicados cerca de los campos de cultivo.

La primera mención de un molino movido por agua en Inglaterra corresponde al año 762 en Dover; tres siglos más tarde, en el Domesday Book, una especie de censo nacional se señala la existencia de más de cinco mil en la zona ubicada entre los ríos Trent y

Severn. Los molinos fueron polos de atracción a otras actividades e industrias, como el procesamiento de lana y de fibras de origen vegetal, tenerías, herrerías y pequeñas fundiciones. La idea del molino fue aplicada al aserradero y luego a técnicas más finas, como los primeros relojes mecánicos cuyas ruedas dentadas estaban inspiradas en el engranaje característico de un molino. Los primeros relojes mecánicos datan de 1271.

En los siglos XII y XIII ocurre un cambio profundo en 1a vida económica del medioevo, cambio que tendrá importantes consecuencias en el desarrollo de artesanías, tecnologías y luego también de la ciencia. El surgimiento de nuevas ciudades y el crecimiento de las más antiguas determinaron un espectro mayor de polos de atracción hacia zonas no controladas por los señoríos. Estas ciudades independientes comienzan a progresar gracias a las actividades comerciales y artesanales, y además reciben el poderoso impulso del restablecimiento de relaciones con Asia Menor y el sur del Mediterráneo.

Las cruzadas, iniciadas entre 1095 y 1097, a pesar de su naturaleza religiosa y belicosa, tuvieron como resultado una especie de «apertura» en las relaciones con el Medio Oriente. Europa se enriquece de ese contacto con el mundo árabe y a través de ellos con las culturas de Oriente. Para el europeo ocurre un «ensanchamiento del mundo» y con él su horizonte mental también se amplía.

De un modo u otro los europeos logran mantener algunas cabezas de puente, bien en Jerusalén, bien en algunas islas del Mediterráneo. Esto les permite abrir rutas comerciales que beneficiaron notablemente a algunas ciudades del sur de Europa, muy particularmente las ubicadas en Italia. La colaboración con los cruzados les valió a Génova y a Venecia una autorización de comercio franco que pronto las transformó en urbes dinámicas con una heterogénea población y una notable tolerancia religiosa para la época. En estas ciudades se desarrollan barriadas judías y árabes y en el puerto se mezclan idiomas y culturas diferentes.

Mientras tanto en algunas de las ciudades europeas se desarrolla gradualmente el sistema de *guilds* o gremios artesanales. Este sistema tuvo en una primera etapa la gran ventaja de concentrar conocimientos y asimilar experiencias que dieron como resultado el perfeccionamiento de ciertas técnicas. Pero luego la organización atendió más los problemas de precios, oferta y demanda de servicios, y muchos se transformaron en entes conservadores desde el punto de vista del desarrollo de las técnicas que dominaban, con frecuencia limitando y regulando severamente la incorporación de nuevos miembros. Los gremios o *guilds* adquirieron bastante poder en algunas ciudades y en Londres lo culminan cuando adquieren la facultad de elegir al alcalde de la ciudad entre sus dirigentes.

Cada gremio aprobaba o imponía normas sobre los procesos de calidad de los productos pero, una vez que los artesanos en su gran mayoría alcanzaban el «estado del arte», el proceso innovador se estancaba. Los eventuales inventores o innovadores eran expulsados del gremio y hasta de la ciudad. Más adelante veremos cómo estos gremios ofrecieron violenta resistencia a la introducción de diversos tipos de máquinas durante el Renacimiento y los albores de la Edad Moderna. El poder de los gremios también determinó formas de proteccionismo arancelario que terminó por erosionar su creatividad. Génova y Venecia, si bien no escaparon al efecto negativo de los gremios, lograron crear un clima más liberal. En el conflicto entre los comerciantes importadores y exportadores y los gremios, los primeros se salieron con la suya en más de una oportunidad.

El conflicto entre las ciudades y los señores feudales fue una consecuencia inevitable de estos cambios. Los segundos no entendían ni aceptaban las aspiraciones de autonomía y autogobierno que emanaban de las urbes. En ellas, bajo un clima más liberal, se rescataron muchos elementos de la organización territorial y legal de los romanos. Hacen su aparición las formas de gobierno municipales con sus concejos, alcaldes o burgomaestres, donde los gremios, el clero y los comerciantes pugnaban por representación o control en función de los intereses económicos. Estos intereses y la forma de representación erosionaban la autocracia del señor feudal y generaban conflictos con la economía agrícola y el sistema de vasallaje al cual estaban habituados.

El desarrollo de las ciudades modificó otros elementos de la economía. Del trueque y venta entre asentamientos feudales se pasó al desarrollo de mercados en los que el dinero y los papeles comenzaron a ser importantes. Pronto la moneda resultó ser insuficiente o inadecuada para transacciones grandes o efectuadas a distancia y aparecieron las casas de banca y los documentos.

El incremento en la explotación de carbón es un evento de gran trascendencia. Se trata de una nueva fuente de energía cuyo costo y volumen es menor que el de la madera, que comenzaba a escasear alrededor de las ciudades grandes. En una primera etapa no es utilizado para la calefacción doméstica sino para la fundición y refinación del hierro. La forja catalana sustituye a los hornos corsos de menor capacidad que habían marcado el estado del arte de la fundición por largo tiempo, pero en ambos las impurezas del carbón, como antes ocurría con las presentes en diversos tipos de madera, determinaban que el hierro fuese de baja calidad. Entre los siglos XII y XIV se progresa lentamente, pero surgen innovaciones importantes como el fuelle mecánico, diversos tipos de molino para el mineral y las láminas perforadas para producir alambre.

Otras tecnologías introducidas en Europa durante esta época son el alcohol, empleado principalmente en la perfumería y los procesos para obtención de ácidos sulfúrico y nítrico. Estas tecnologías químicas, desarrolladas por los árabes, alcanzaron Europa hacia mediados del siglo XII, para la misma época en que las chimeneas, ya empleadas en las fundiciones, comienzan a ser más populares en las viviendas, lo que estimuló el uso doméstico del carbón.

El crecimiento en la demanda de carbón determinó que las minas fueran cada vez más profundas y la inundación fue una seria limitación a su explotación, tanto que a veces había más gente sacando agua que carbón. No tardaron en ser inventadas una diversidad de bombas y sistemas de extracción de cubetas en cadena para solucionar el problema. La calefacción por carbón fue una innovación que mejoró las condiciones de vida de una población que, a diferencia de Roma, sufría de la carencia de acueductos y calles pavimentadas, así como del intenso frío invernal. Algunos estudiosos del tema sostienen que en el año 100 Roma tenía mejores servicios públicos que París o Londres mil quinientos años después.

La inexistencia de servicios públicos, asistencia médica o normas básicas de higiene, combinados con la casi total ignorancia sobre los mecanismos de transmisión de las enfermedades, hicieron que las ciudades medievales fueran arrasadas frecuentemente por epidemias de viruela, sarampión, cólera, difteria y peste bubónica; la tuberculosis era crónica, la mortalidad infantil muy elevada, la fiebre puerperal en las mujeres un evento frecuente. Tétanos, infecciones generalizadas, gangrenas y fiebre tifoidea cobraban igualmente un elevado número víctimas. Cuanto mayor el número de habitantes, mayor el riesgo de una epidemia. No resulta extraño que la idea de una vida mejor después de la muerte fuera tan popular.

Tres procesos diferentes sacuden el Medioevo europeo. Primero la ocupación árabe de buena parte de la Península Ibérica determina un importante flujo de información y transferencia de tecnologías y artes distintas a las incubadas en Europa por siete siglos; luego las ciudades italianas, Génova, Venecia y Florencia, abiertas al comercio en el Mediterráneo permitían un juego de ideas más libre y de intereses distintos a los del *hinterland* agrícola y feudal. El tercer proceso es el crecimiento de las ciudades, que con su comercio e industrias incipientes determina un patrón de vida muy distinto al dominante en los castillos, monasterios y comunidades vecinas.

Cuando Venecia alcanza una población de unos 200 mil habitantes, se hace evidente la incompatibilidad de las relaciones de producción feudal y la visión escolástica. Se acumulan demandas que exigen una visión más práctica, mayor libertad de pensamiento y acción.

Universidades y monasterios

El cañón, una tecnología bélica que evoluciona gradualmente a partir del año 1044 cuando, de acuerdo con algunos autores, supuestamente los chinos inventaron la pólvora, bien pudo haber sido muy importante en el desvanecimiento de la Edad Media. En el año 1232 los cohetes son comunes en China y hacia 1292 fue realizado en Japón un grabado que ilustra el efecto de una explosión en el seno de un combate, probablemente debida a un tipo de bomba o granada primitiva. Esta nueva tecnología bélica se expande hacia Occidente y los cohetes eran empleados en la actual Siria hacia el año 1280.

El uso del llamado «cirio romano» se hace común a comienzos del siglo XIV. Nace de un tubo sencillo que en China se hizo de cañas de bambú y que eran cargadas con pólvora, piedras y cualquier otro objeto. Poco eficientes y peligrosos para sus operadores, los cirios romanos espantaban a los caballos. Entre 1313 y 1340 hay crónicas, en Alemania, que describen cañones de madera con abrazaderas de bronce o hierro y balas de piedra. Los cañones realmente efectivos comienzan a ser construidos a comienzos del siglo XV y su empleo se hace frecuente hacia 1450.

Con los cañones, los muros de los castillos pierden buena parte de su valor. La artillería, que a mediados del siglo XV era capaz de demoler estas estructuras y causar daños severos a la infantería y a la caballería, genera nuevas estrategias en el combate. La caída de Constantinopla, último reducto del Imperio Romano de Oriente en manos de los turcos en 1453, fecha que algunos historiadores han seleccionado para señalar el fin de la Edad Media, en cierta medida ocurrió por el uso eficiente que el sultán hizo de la nueva artillería.

Cualquier fecha que seleccionemos para hablar del fin de la Edad Media es arbitraria. Tan conveniente puede ser el efecto de la artillería sobre Constantinopla como el desarrollo de la imprenta por Gutenberg en 1456 o el descubrimiento de América en 1492. Para una mente más romántica quizás la fecha adecuada podría ser el nacimiento de Leonardo da Vinci en 1452 y para quienes colocan sobre los procesos sociales y religiosos mayor énfasis, la famosa «Carta abierta a la nobleza germánica» de Martín Lutero, de 1520, también puede ser una fecha adecuada.

En la Europa del siglo XV ocurren, en cascada, eventos tecnológicos y sociales que fracturan el sistema feudal. El papel de la tecnología en este cambio es impresionante y los efectos son dramáticos: primero el cañón y luego otras armas de fuego hacen menos útiles castillos y armaduras; la posibilidad de imprimir libros deja sin trabajo a miles de monjes copistas y coloca una enorme cantidad de información en manos de un creciente número de lectores; el descubrimiento de América abre un nuevo horizonte mental y comercial. Leonardo es el paradigma de una nueva actitud frente a la naturaleza y el conocimiento. Lutero y la Reforma determinan un profundo cambio tras ocho siglos de ortodoxia religiosa.

El copiado de un manuscrito de mediana longitud y complejidad llevaba no menos de cien días antes de 1456. La primitiva imprenta de Gutenberg redujo entre cincuenta y cien veces el tiempo requerido. El proceso de la Reforma, que venía gestándose lentamente en las ciudades de mayor actividad industrial y comercial del Medioevo, explota en 1520 planteando la necesidad de cambios significativos en el culto y la organización de la Iglesia. Leonardo da Vinci, Erasmo de Rotterdam, Dante Alighieri, escultores, pintores, orfebres y arquitectos le dan un nuevo rostro a Europa; los banqueros y comerciantes, los artesanos urbanos y el rearreglo político que apunta hacia la centralización del poder y el nacimiento de los estados nacionales completan el cuadro. De pronto, dos de las instituciones más conservadoras del sistema feudal contribuyen a su fin: monasterios y universidades.

Los monasterios se concentran a lo largo del Medioevo una parte importante del conocimiento. Distribuidos irregularmente por todo el continente estaban almacenados originales, copias y traducciones de Platón, Aristóteles, Herodoto, Tales, Hipócrates, Galeno, Herón, Perícles, Anaximandro o Ptolomeo. Junto a los textos griegos también reposaban documentos romanos y alejandrinos y sin duda la cultura del Al-Andalus, desde el califato de Córdoba, dispersaba ideas y documentos árabes y persas hacia el resto de

Europa. Comienzan a circular ideas sobre reinos y repúblicas, sobre la libertad del hombre, sobre la materia y la energía.

Esta información ha sido preservada y analizada. El escolasticismo medieval no fue nunca uniforme y frente a esfuerzos de ortodoxo control existían individuos o corrientes que enriquecieron textos o interpretaron eventos. Así, a pesar de las aspiraciones de riguroso control sobre la información y clara conciencia del poder que esto otorgaba, hay variantes, escuelas que con frecuencia surgieron de las mismas órdenes religiosas. Dominicos, franciscanos, benedictinos y más tarde los jesuitas, representan corrientes que van desde la más profunda actitud contemplativa hasta una militante acción filosófica, proselitista y, en ocasiones, también de ese pragmatismo tan frecuente en la tradición judeocristiana.

Los manuscritos llegaron a los monasterios por vías diversas. En una turbulenta etapa, las personas más ilustradas escapan de Roma y otras ciudades invadidas por los bárbaros cargando los bienes más valiosos y entre ellos, muchos documentos. Miles de manuscritos desaparecieron entre los siglos IV y VIII, otros tantos se perdieron en incendios como el de Alejandría y otras destrucciones masivas, pero no pocos fueron salvados. Otra ruta azarosa pasó por la Península Ibérica hacia la actual Francia y luego a los países del norte.

Los árabes llevaron a España y Portugal traducciones, recopilaciones y hasta originales de textos diversos. Herederos directos de Alejandría y los centros de mayor desarrollo cultural de Persia, los árabes, en plena expansión durante el Medioevo europeo, fueron eficaces difusores de información. En los casi ocho siglos de dominio sobre la Península Ibérica hubo prolongados lapsos de convivencia entre mahometanos, judíos y cristianos, con el correspondiente intercambio de información. Muchos documentos fueron víctima de la intolerancia de uno y otro bando, pero otros escaparon a las crisis de fanatismo para llegar hasta el centro de Europa. Las cruzadas fueron, como antes señalamos, otro proceso que estimuló el intercambio de información y la recuperación de manuscritos. Luego, asediados permanentemente por los musulmanes, los persas, greco-turcos y cristianos bizantinos exportaron numerosos documentos hacia Europa entre 1200 y 1400. Copias en griego llegaron igualmente a los monasterios de Rusia y de allí algunos llegaron a Roma a través de las interacciones con los germanos y eslavos.

Un niño del siglo actual recibe más información por día que la que un adulto del siglo X obtenía a lo largo de toda su vida. El propósito de una educación accesible a un número elevado de personas surge varias veces durante la Edad Media, pero no cristaliza.

Los casos más conocidos son los esfuerzos puntuales de Carlomagno, Alfredo el Grande (849-899) en Inglaterra y Federico II (1194-1250) en Alemania. Federico II crea la Universidad de Nápoles en 1224; también es el propulsor de la Escuela de Medicina en Salerno y de un jardín zoológico. Animado por una rebeldía irónica y exasperante, a veces sólo orientada a minar el poder del papa Inocente III, realizó lo que fue considerado como herejía: admitir judíos y musulmanes en su corte y estimular, a través de Michael Scott, traducciones árabes de Aristóteles y documentos cuya autoría se asigna a Averroes de Córdoba. A su vez, Alfredo el Grande, educado en Roma y en el país franco, derrota a los vikingos (daneses), crea un ejército casi profesional y promulga un código de leyes que será el ancestro de la Carta Magna inglesa de 1215. Además, se vincula con varias figuras árabes de cierta importancia.

En el seno de la Iglesia católica surgen iniciativas orientadas al desarrollo de sistemas educativos. En los siglos XIII y XIV ya hay numerosas escuelas parroquiales en las que se enseña a leer y escribir, realizar las operaciones básicas, catecismo y la vida de los santos. Esta educación básica estaba limitada a los hijos de la nobleza, de los comerciantes más prósperos y, ocasionalmente, a los hijos de artesanos. A pesar de sus limitaciones esto, el número de personas con acceso a la información, germen de la Reforma y el Renacimiento, aumentó en forma significativa.

La Escuela de Salerno, creada hacia el año 900, es probablemente la primera organización de profesores y estudiantes que puede ser designada con el nombre de universidad. Su creación ha sido asociada a la influencia del monasterio de Monte Cassino, que guardaba una de las bibliotecas más importantes de la Edad Media. Siglo y medio después, mediante la fusión de varios núcleos de enseñanza árabes, es creada la Universidad de Bagdad (1065), donde la medicina era el objetivo principal.

El vínculo con la Iglesia católica en Europa le otorgó continuidad a los primeros centros de educación superior, mientras que la dependencia directa del Califa le dio una vida más efímera al experimento de Bagdad. Entre 1150 y 1250 aparecen las primeras universidades en Italia, Francia, Inglaterra y España. Unas nacen como organizaciones gremiales y luego pasan a depender la Iglesia, mientras que otras como la de París (1150), Oxford (1168), Salamanca (1215) y Cambridge (1224) son iniciativas religiosas desde el comienzo. La intervención religiosa no le resta carácter gremial a esta asociación voluntaria de estudiantes y profesores orientados al cultivo de la teología, el latín y el griego, algo de matemáticas, botánica, geografía y medicina. Ese origen, y luego la tradición, determinó cierta autonomía, como en el caso de las órdenes religiosas, a pesar de la supeditación a la jerarquía religiosa.

En su etapa inicial las universidades no fueron concebidas como centros de investigación; esta actividad se irá insertando lentamente en los claustros como una derivación natural de la asociación entre individuos dispuestos a enseñar y aprender. Bacon se educó en Oxford y luego fue profesor en la Universidad de París; de igual modo, Galileo obtendría su formación básica en la Universidad de Pisa y luego sería profesor en la de Padua. Vettor Fausto, que enseñaba griego en la Universidad de Venecia, inspirado en viejos manuscritos, termina diseñando un nuevo tipo de barco para los mercaderes venecianos. Se construye poco a poco una «cadena de creatividad» donde la información preservada en los monasterios es interpretada y difundida por las universidades y luego aplicada por artesanos y comerciantes.

Aunque Leonardo nunca fue a la universidad, y tampoco lo hicieron Donatello, Bramante, Descartes, Priestley, Harvey, Torricelli y Lavoisier, todos, en una u otra época de su vida, tuvieron vínculos o recibieron influencias que se habían originado en los monasterios o en las universidades.

La formación sistemática y especializada de un número creciente de personas es un paso muy importante hacia la formación de una sociedad más creativa. Se trata de números y probabilidades: al aumentar el número de personas con una base de conocimientos y capacidad para leer e interpretar la información preexistente, aumentó la probabilidad de nuevos inventos o innovaciones. Con el tiempo, liberadas del estricto control de la Iglesia y luego creadas por el Estado o entes particulares, conformarán la red universal actual en la que se asociará la teoría y la práctica, se seguirá almacenando información en bibliotecas y computadoras, se acortarán las distancias entre el quehacer estrictamente científico y sus expresiones tecnológicas.

Expresadas en forma de instrumentos, las tecnologías permitirán profundizar sobre el análisis y la interpretación de los fenómenos naturales, y las universidades, hasta nuestros días, serán los semilleros de recursos humanos formados bajo un clima de libertad intelectual que promueve el acto creativo, la crítica, la construcción del pensamiento.

Capítulo 8

El Renacimiento europeo

El Renacimiento y la Reforma son términos que intentan designar un proceso social que concluye sentando las bases del mundo moderno. Al comparar el siglo XV con el XVII es posible observar radicales transformaciones sociales y económicas, pero en distintas regiones o países unas cosas cambian más rápidamente que otras. Quizás el fenómeno económico global más notable es el desplazamiento del poder hacia las costas del Atlántico, abandonando por primera vez en milenios su sede mediterránea. Una onda que va atravesando Europa, originada en Venecia, Génova y Florencia, y que va a concluir con la supremacía económica de Inglaterra, España, Francia y los Países Bajos.

Los dos siglos que van desde el Renacimiento hasta fines del siglo XVII, la antesala de la Revolución industrial, se caracterizan por profundos cambios en la oferta y la demanda de bienes y servicios, una continua y fuerte urbanización, transformación de la estructura laboral, el surgimiento de nuevas clases sociales, internacionalización del comercio y generación de muchos nuevos productos.

Buena parte de las bases del mundo moderno se establecen entre 1450 y 1700. El Renacimiento constituye la alborada intelectual de una humanidad que tiene una conciencia creciente de sus derechos en esta vida, un primer clamor de libertad intelectual y de creatividad que, con altibajos y períodos más claros o más oscuros, tendrá continuidad hasta nuestros días. La tasa de progreso de la humanidad, no importa como se quiera medirla, se acelera a partir del siglo XV en un proceso que no parece tener un fin predecible. Una vez que se construye una cultura en la que es lícito preguntar «¿por qué?», sin quedarse satisfecho por conocer el «¿cómo, cuándo y dónde?», se abren horizontes infinitos para el conocimiento y su transformación en tecnología.

Hay quien, quizás siendo un poco simplista, ha señalado que el mundo moderno se basa en dos piedras angulares. La primera, la noche en que Galileo apuntó su telescopio hacia el firmamento y, la segunda, cuando Bacon señaló que no bastaba citar a Aristóteles, había que verificar si lo que el famoso griego había escrito era verdad. Tal cosa exigía observación y experimentación, es decir, el basamento de la ciencia. Ambos son los padres de Isaac Newton y, luego, la pléyade de pensadores e inventores de los que nos ocuparemos más adelante.

Los siglos en los cuales apreciamos un progreso continuo y rápido son apenas cinco, lapso breve si nos colocamos en la perspectiva de los milenios de Egipto y las culturas mesopotámicas, asiáticas y americanas. Milenios en los cuales se alternaron cortos períodos de intenso progreso, prolongadas decadencias y lapsos de oscuridad. Ocurren más cosas en cada año del siglo XX, inventos, cambios sociales y económicos, que los registrados en Egipto a lo largo de un siglo.

En los siglos XVI, XVII y XVIII surgen muchas innovaciones, sociales y tecnológicas que orientan el extraordinario progreso que percibimos en nuestros días. Cualquier diagnóstico de este lapso incluye el advenimiento de los gobiernos centralizados, la aparición de los partidos políticos y el fortalecimiento de los parlamentos, el establecimiento del método experimental para indagar sobre el conocimiento, el florecimiento del arte interpretativo, un extraordinario impulso a la literatura, la exploración marítima fuera de los confines del mar Mediterráneo, la estructuración de las grandes ciudades del presente, la internacionalización del comercio, del arte y de la ciencia.

También aparecen nuevas clases sociales: los obreros y la burguesía, que determinarán un reordenamiento de las relaciones entre los hombres y la economía. En este punto de nuestro paseo por la historia comenzamos a encontrar dificultades para seleccionar los eventos más significativos desde el punto de vista tecnológico, porque la dinámica del cambio se acelera y los investigadores comienzan a indagar con profundidad sobre la naturaleza y las cosas que regulan la materia y la vida. Quizás sean los profundos cambios que se registran en los patrones de la demanda, el proceso de urbanización, la expansión de ultramar y los nuevos productos de las colonias, conjugados con el crecimiento poblacional, los mecanismos causales del avance tecnológico de este período, pero también es importante reconocer que surgen ideas que no podrán ser llevadas a la práctica, bien por limitaciones sociales, bien por la inexistencia de ciertas tecnologías.

Buen número de los geniales destellos de Leonardo da Vinci (1452-1519), Nicolás Copérnico (1473-1543) o Galileo Galilei (1564-1642) no podrán tener aplicación inmediata, pero quedan guardados entre los productos renacentistas que tanto contribuyeron a la cultura universal y al desarrollo de una nueva actitud en la indagación de la naturaleza. Entre da Vinci y Galilei transcurre un siglo, y otro ya ha corrido desde que esa actitud de desafío a las normas o paradigmas considerados casi inmutables se inicia con ejemplos como el Domo de Santa María de Fiore, diseñado por Brunelleschi (1379-1446), el Domo de San Pedro, ideado por Miguel Ángel (1475-1564), y los proyectos de Alberti (1404-1472) y Bramante (1444-1514).

En ellos no se manifiesta un mayor conocimiento práctico de las estructuras o materiales, sino un ansia de grandeza, de hacer cosas distintas a las marcadas por la ortodoxia medieval. El Domo de Santa María tiene más de 40 metros de diámetro y el anillo exterior de sostén ideado por Brunelleschi no estuvo bien calculado y realmente no contribuyó nunca a la preservación del Domo. Lo importante es que Brunelleschi se atrevió y también lo hicieron quienes lo contrataron. El Domo aún está en pie y con buena salud. La catedral de Ulm es otro ejemplo de la proyección renacentista a través de los siglos: su construcción se inició en 1376 y continuó tras numerosas modificaciones en los siguientes 500 años. El edificio actual fue concluido en 1890 y, con su estilo gótico, es la catedral más elevada del mundo con sus impresionantes 161 m.

Hacer las cosas «en grande» no es algo exclusivo del Renacimiento y los siglos posteriores. Allí están, aún la pirámide de Giza en Egipto, con sus 146 m de altura, y la de Cholula, en México, que, con una base de 450 x 450 m y 4,5 millones de m^3, es la estructura más grande de la antigüedad. Levantar una estructura elevada no es nada fácil, allí está la torre de Pisa, con su dramática inclinación, y el faro de Alejandría, que desapareció. Será necesario el desarrollo de nuevas tecnologías y materiales para que, en los siglos XIX, XX y XXI, el hombre siguiera intentando construir estructuras cada vez más elevadas. Entre 1848 y 1884 se construyó el monumento a Washington (169,2 m), seguido por la Torre Eiffel en 1887, con 324 m, por muchos años símbolo y orgullo de París.

En años recientes las marcas mundiales van cayendo una tras otra: la torre de transmisión de KVLY-TV, en Fargo, se yergue a 628,8 m de altura; la plataforma del edificio Petronius, a 609,9, el Burj Dubai tiene 828 y en diseño se encuentra el World Expo Center de Turquía, que deberá alcanzar 820 m. En Shangai avanza el proyecto de hacer uno de 838 m en el año 2013.

Las magnitudes de las catedrales renacentistas, en superficie, también tendrán sus competidores en los siglos siguientes. La ya superada altura de las Catedrales de Ulm, Colonia (157 m, construida entre 1248 y 1560) o Notre Dame (151 m, desarrollada entre los siglos XII y XV) ya no compiten tampoco en superficie con edificios como el Parlamento de Bucarest, con sus 350 mil m^2 de oficinas o el edificio Aalsmeer, en Holanda, con 990 mil m^2, así como gigantescos centros comerciales.

Los árabes conocían El Almagest, pero fue un genovés, de acuerdo con unos, catalán según otros —y aún se indaga sobre el sitio de su nacimiento—, un hombre financiado por los reyes de España, quien decidió averiguar si el mundo era realmente redondo y buscando las Indias Orientales por occidente terminó llegando a América. La fusión de la ciencia y la tecnología es un evento posterior, es al igual que el mismo desarrollo tecnológico de estos dos siglos, el producto final de esa nueva actitud mental.

Hacia el año 1500 Europa tenía unos 80 millones de habitantes. De ellos apenas el 2 por ciento vivía en las ciudades. A pesar de que el número y el tamaño de las mismas venía aumentando desde el siglo XIII, aún la gran mayoría de los europeos formaban parte de una gran economía agrícola. Sólo cuatro ciudades europeas, París, Nápoles, Milán y Venecia, tenían más de 100 mil habitantes y tres de ellas estaban en la península italiana. Constantinopla se encontraba en esa misma categoría, lo que ilustra la concentración del poder económico en el área del Mediterráneo. Pero para las primeras décadas del siglo se incorporan a este grupo Londres, Sevilla, Ámsterdam, Lisboa, Palermo y Antwerp. Asimismo, existen 39 ciudades con más de 40 mil habitantes.

En los años siguientes el crecimiento urbano es incesante y en los albores del siglo XVII cerca del 10 por ciento de la población es urbana, hay 48 ciudades con más de 40 mil habitantes y Londres, París, Nápoles y Ámsterdam superan los 200 mil habitantes cada una. Se registran cambios diferenciales en la población de distintas zonas geográficas. En dos siglos la población de Italia aumenta 30 por ciento, la de Alemania pasa de 12 a 15 millones, la de Inglaterra se duplica (4,4 a 9,3 millones) al igual que las zonas del Benelux (1,9 a 3,4 millones), mientras en la Península Ibérica hay pocos cambios y la cifra aumenta de 9,3 millones hacia 1500 a 10 millones a comienzos del siglo XVIII, probablemente como consecuencia de la expulsión de árabes y judíos, así como de la corriente migratoria hacia América.

Los efectos de este proceso de urbanización no sólo son dramáticos e importantes por las consecuencias económicas, sino por el incremento en la miseria y el deterioro de las condiciones de vida. Ninguna de estas ciudades tenía los más elementales sistemas de recolección de residuos sólidos o de agua y el gradual apiñamiento resultó en frecuentes epidemias. Si bien es cierto que la tasa de natalidad aumentó considerablemente, la mortalidad infantil era brutalmente elevada. Enfermedades como el cólera, la viruela, la tuberculosis y la difteria se combinaban para determinar, hacia 1500, una vida media de 18 años y una expectativa al nacer de apenas 4.

Las cifras recopiladas por Malthus y otros estudiosos de los procesos poblacionales muestran un crecimiento lento y continuo. Hacia 1600 la vida media se había elevado a 23 años y para 1700 a 32. La mortalidad infantil se redujo y la expectativa de vida aumentó de 4 a 11 y luego a 27 años, al comenzar el siglo XVIII. Todo esto indica que, a pesar de las deplorables condiciones de vida en las ciudades, estaba ocurriendo un lento progreso económico. No es factible asociar este incremento en los indicadores al desarrollo de la medicina, puesto que pocas cosas revolucionarias ocurren durante estos dos siglos en esta disciplina, que más bien vive un intenso período de indagación sobre la anatomía y el funcionamiento general de nuestro cuerpo.

En esta época algunas ciudades comienzan a llevar registros estadísticos. Uno de ellos establece que de los 169.129 fallecimientos registrados sobre un lapso de veinte años, apenas 15.759 corresponden a «viejos» o enfermedades típicas de la edad. Es posible que el criterio de «viejo» se aplicara a individuos de cuarenta años o más, y por consiguiente menos del 10 por ciento de la población lograba alcanzar o superar esta edad. En todo caso, el proceso de urbanización es continuo y para 1750 la fuerza de trabajo se estimaba en 45 por ciento en el sector agrícola, 30 por ciento en las manufacturas y 25 en los servicios. Cifras que ilustran un cambio muy profundo en la vida de Europa.

Cipolla señala cuatro elementos económicos que destacan: la introducción en Europa del café, el cacao, té, las papas, los tomates y el maíz; la introducción de grandes cantidades de oro y plata que aumentaron sustancialmente la liquidez monetaria (por ejemplo entre 1551 y 1560 se desembarcaron en Sevilla 42 toneladas de oro y 303 de plata); el incremento general del comercio internacional y el desarrollo de las industrias naviera y metalmecánica. Cada uno de estos elementos está vinculado bien a la introducción de tecnologías foráneas, bien a la maduración de procesos preexistentes en

Europa. Además, cada uno de estos elementos va a inducir al desarrollo de nuevas tecnologías.

En el año 1280 la Universidad de París decidió crear un sistema de correo regular para mantener, entre otras cosas, una comunicación frecuente con Roma, algunos monasterios de importancia y otras ciudades del continente. Otras iniciativas puntuales ilustran la creciente necesidad de información durante la Edad Media, pero es en los siglos XV y XVI cuando algunos monarcas europeos organizan sistemas de correos y postas para uso de la corona. En el siglo XVI la demanda, producto del incremento en las actividades comerciales, determina que el correo sea visto por primera vez como un servicio público. En el siglo XVI una carta tardaba unos veinte días en recorrer el trayecto Génova-París. En menos de un siglo el servicio había mejorado y las cartas se movían a un promedio de 5 km/h, cifra superior a la velocidad actual de algunos correos del mundo.

En efecto, en algunos países de Asia, América Latina y África una carta podía tardar diez días para recorrer 50 kilómetros (0,2 km/h). Eso sí, el precio del correo en el siglo XVI era muy elevado y existían severas limitaciones al tamaño de las cartas y paquetes. Pero lo importante y lo que cabe destacar es que la demanda aumentaba por servicios que terminan por acelerar el flujo de información.

Los periódicos son inicialmente vehículos de información comercial. En 1606 comienza a editarse regularmente el *Zeitung*, de Estrasburgo, y para 1650 casi todas las ciudades europeas de cierto tamaño poseen un periódico. Un porcentaje muy elevado del texto de cada uno de ellos está dedicado a la oferta y demanda de productos, de información sobre precios, ferias, mercados y otros datos de relevancia económica.

Un cambio análogo ocurre con el transporte marítimo. La industria naviera es estimulada por el descubrimiento de América, el creciente tráfico con la costa occidental de África y las guerras entre Francia, España e Inglaterra. Por ejemplo, en 1560 la marina británica poseía un tonelaje global de 50 mil toneladas y en 1686 la sumatoria de las naves apunta hacia las 340 mil. Los holandeses, hacia finales de ese mismo siglo, tienen la mayor flota de todos los países europeos, con unas 900 mil toneladas.

En otro capítulo hicimos una breve referencia al efecto de los cañones sobre las defensas de los castillos medievales. Pero también hay un gran cambio en los modos de hacer la guerra. Los ejércitos «privados» de los señores feudales y pequeños reyes son sustituidos gradualmente por ejércitos reales o «nacionales», con elevado número de efectivos en cada bando y la necesidad de estandarizar uniformes y equipos.

Las armas de fuego van evolucionando ahora con mayor rapidez y cambian las armaduras que, junto al castillo, llegaron a ser las tecnologías bélicas más elaboradas de la Edad Media. A lo largo de los siglos XIII y XIV, las armaduras crecieron en el área de protección y en complejidad, mientras que hasta 1430 las armas de fuego no eran capaces de perforarlas. Las armaduras complejas eran diseñadas «a la medida» del caballero; el «sastre» metálico debía ser un artesano de primera línea capaz de ajustar, con la mayor comodidad posible, la compleja estructura que llegó a cubrir desde el cuello hasta los tobillos, con flexibles articulaciones en las axilas, cintura y rodillas. Hacia 1400 las armaduras llegaron a pesar unos 36 kilos y eran tan eficientes que en la batalla de Zagonara, donde se enfrentaron dos fuerzas de caballeros armados, las únicas víctimas fueron dos nobles que al caer en un pantano se ahogaron bajo el peso de las mismas.

A partir de 1450 las armaduras van disminuyendo en tamaño y se reducen primero al «medio traje», que cubre hasta la cintura, y luego a simples placas pectorales que aun servían para detener una bala cuya velocidad se hubiese atenuado con la distancia. Esos pectorales y los medios-trajes eran parte del atuendo que vestían los primeros conquistadores que llegaron a América.

La existencia de ejércitos casi permanentes determinan los primeros contratos orientados a la producción en serie de botas, cinturones, uniformes, sombreros, distintivos, alabardas, pistolas, mosquetes, espadas, lanzas y otras armas. Un reto formidable para los pequeños establecimientos artesanales de la época. También, para el siglo XVI y particularmente en el XVII el gasto público para mantener estos ejércitos aumentó considerablemente y su mantenimiento determinó cargas impositivas crecientes, así como una organización para recabar los impuestos. Estas actividades, sumadas al mantenimiento de estadísticas, interacciones entre las coronas y la banca y la necesidad de un creciente control sobre provincias, impulsaron el desarrollo de la organización burocrática.

El Estado se convierte así en un estímulo adicional a cierto tipo de industria, y de igual modo contribuye al desarrollo del mundo financiero. En Bélgica, en el castillo de la familia Van der Bursen, aparece la primera casa de bolsa, nombre que deriva del mencionado apellido.

El mantenimiento de ejércitos, la «compra» de electores y el otorgamiento de ciertas prebendas económicas a los aún poderosos príncipes y duques determinaron procesos de endeudamiento personal o público por parte de reyes y coronas. Así, el territorio que corresponde a la actual Venezuela pasó a manos de un grupo de banqueros alemanes, los Welser, en una de esas operaciones. En efecto, Carlos V se endeudó para comprar a los electores y asegurar su doble corona (España y Alemania). La deuda fue adquirida con los Fugger y los Welser, dos de las casas de banca más poderosas de Alemania. La deuda con los Welser fue de 143 mil florines y Venezuela le producía tan poco a la corona española en aquella época que a Carlos V le resultó rentable la operación.

Las cortes europeas crecieron en importancia y poder. Simultáneamente, el comercio internacional abrió nuevas alternativas para el lujo y la comodidad. Un mayor liberalismo ideológico y una creciente clase de comerciantes y artesanos determinaron un fenómeno imitativo —presente hasta nuestros días— que estimuló una gran diversidad de manufacturas que necesariamente exigían nuevas tecnologías. Hasta finales del siglo XIV, tanto el mobiliario, como los enseres domésticos, la vestimenta y el ornato, eran simples y modestos. En el castillo del señor feudal aún dominaban mesas y sillas de rústico acabado, lechos de paja cubiertos por telas ásperas y gruesas, simples atuendos de tela de arpillera, así como utensilios de mesa y cocina generalmente elaborados por los artesanos locales. Brocados y telas finas estaban reservados para ocasiones muy especiales. La comida era igualmente simple y los modales de mesa y los correspondientes a eventos sociales, muy rústicos.

Se dice que fue el cardenal Richelieu quien introdujo el cuchillo en las mesas para impedir que los comensales, como era común, utilizaran su daga personal para cortar. El tenedor nace en Toscana hacia el siglo XI (Duthrie, 2003), pero hasta avanzado el siglo XVIII en buena parte de Europa se emplean dos cuchillos para comer.

Todo esto cambia con rapidez. Telas de lino y algodón, así como un afinamiento de la calidad de las lanas, se van imponiendo en las cortes. Nuevos pigmentos y técnicas para la producción de telas más ligeras determinan una nueva exaltación de la moda cortesana que es rápidamente copiada por la emergente burguesía. Estas nuevas demandas, que van desde el vestir hasta la decoración del hogar, producen cambios en los patrones de producción y de mercadeo. La industria textil básica y las artesanías colaterales reciben un impulso notable. Pelucas, zapatos, hebillas, guantes, sombreros, encajes y aplicaciones de diverso tipo estimulan igualmente el surgimiento de establecimientos especializados en el mercadeo y venta de productos vinculados.

Este nuevo tipo de negocio constituye una aventura comercial iniciada por artesanos que se liberan de la clientela cautiva del castillo o la corte y se establecen en forma privada dirigiendo sus esfuerzos hacia una creciente población urbana. Este crecimiento de pequeñas empresas comerciales, así como de pequeños establecimientos industriales, determina una mayor movilidad social que al comienzo es superior en Inglaterra que en otros países de Europa. Uno de los eventos que determinó esta diferencia fue el reparto de las tierras que estaban en manos de los monasterios por parte de Enrique VIII. Tal reparto incrementó el número de pequeños propietarios al forzar la migración de parte de la fuerza de trabajo agrícola y, por consiguiente, el de eventuales productores y consumidores de cierto tipo de bienes.

Dentro de las casas ocurren muchos cambios importantes. La rústica sencillez del mobiliario va siendo sustituida por piezas cada vez más elaboradas y «estilos» definidos por los artesanos de mayor calidad y prestigio. El tazón y la fuente común donde todos metían las manos y la boca van siendo sustituidos por una gradual individualización de los implementos de mesa. Los cubiertos, fuentes, platos de metal o porcelana, vasos, ollas y cuchillería se van imponiendo en los hogares y estimulan las industrias correspondientes. Evolucionan del mismo modo las camas, los colchones y las almohadas; se hacen más frecuentes los objetos de adorno tanto domésticos como personales, y el empleo del vidrio, las cerraduras, lámparas de diverso tipo, chimeneas, cortinas y alfombras aumenta considerablemente. Si hacemos omisión de los electrodomésticos actuales y el desarrollo de los modernos sistemas sanitarios y de calefacción, buena parte del *menage* doméstico de nuestra época nació entre los siglos XVI y XVII.

Para mediados de ese último siglo las industrias más prósperas eran las cervecerías (cosa que no ha cambiado mucho), la del azúcar, jabón, cuero, textiles, armamentos, astilleros navales y carpintería. A la par, la vida cultural se enriquece con las primeras óperas; la música que ahora llamamos clásica escapa de las iglesias hacia los salones y luego los teatros. De una etapa en la que el entretenimiento se encuentra confinado a los palacios o a los grupos de teatro y música que iban de pueblo en pueblo se pasa rápidamente a formas públicas y masivas de entretenimiento. Los juglares medievales son sustituidos por grupos itinerantes más numerosos que organizan espectáculos diversos, algunos de tipo circense, otros especializados en obras teatrales frecuentemente mezcladas con títeres y no desprovistos de ingeniosas formas de crítica social.

Este importante cambio de hábitos y cultura que afecta desde los patrones del comercio hasta las costumbres personales es alimentado también por la importación de nuevas materias primas, alimentos y manufacturas. El progreso es evidente a pesar de las frecuentes hambrunas que determinaron casi cincuenta años de pronunciados déficits alimentarios sobre dos siglos, epidemias e incluso el intenso declinar de la productividad agrícola en ciertas zonas como el sur de Italia y España.

En relación con esto último es importante señalar que a pesar de la popularización de ciertas técnicas como la rotación de cultivos, el incremento en el uso de fertilizantes orgánicos naturales y la plantación de hileras de árboles como rompevientos, la productividad se reducía en ciertas zonas al agotarse los nutrientes del suelo, así como por inundaciones determinadas por procesos erosivos del pie de monte de muchos valles. Otro factor que reducía la productividad está asociado a la reducida germinación de las semillas (hongos y ataque de insectos), que hacía necesario preservar, en algunos casos, hasta el 30 por ciento de la cosecha para la siguiente temporada de cultivo. Sin embargo, en estos siglos se registra otro fenómeno económico interesante y es el creciente interés de los inversionistas en la producción agrícola.

Las condiciones sanitarias cambian muy poco. Aun más, es posible señalar un profundo deterioro de los muy escasos servicios públicos en la mayoría de las ciudades. Tal deterioro estaba determinado por el crecimiento poblacional que causó el surgimiento de densas zonas de vida marginal. En Londres, París, Ámsterdam y otras ciudades se amplía el servicio de agua y se construyen nuevos acueductos pero poco se hace para retirar aguas servidas y basura. Una de las escasas innovaciones de la época es el invento del excusado o W. C. (*water closet*) por Lord Harrington en 1596, pero su desarrollo y universalización de uso deberá esperar hasta bien entrado el siglo XIX. Aun en el XX y comienzos del XXI muchas comunidades pobres carecen de servicios como agua potable y disposición de aguas servidas.

Las innovaciones tecnológicas en la medicina son escasas, así como tímidos son los avances en la mayor parte de las ciencias biológicas. Sartorio (1561-1636) inventa el termómetro clínico y algunos instrumentos quirúrgicos. Harvey (1578-1657) elabora la primera teoría científica sobre la circulación de la sangre, Borelli (1608-1679) es el primero en suceder a Leonardo estudiando el movimiento de los animales y vincularlo a ciertos principios mecánicos. Vesalio (1514-1564) y otros contribuyen a un mejor conocimiento del cuerpo humano e innovan en las técnicas quirúrgicas. Pero indagar sobre el hombre es aún peligroso y la muerte de Miguel Servet (1511-1563) en la hoguera es un factor que inhibe la investigación en el campo médico.

Los sistemas educativos también cambian durante estos dos siglos. Esencialmente en manos de religiosos y con una cobertura muy limitada, la educación sirve para ampliar el horizonte de las clases comerciante y artesanal que aumentan en número. Como un ejemplo de lo anterior, en York había en 1480 seis escuelas primarias; para 1660 la cifra era de 144. Es decir, que mientras la población de Inglaterra se duplicaba, el número de escuelas se multiplicó, por lo menos en ciertas zonas, por más de veinte. Esto permite estimar que el número de personas que sabían leer y escribir en ese país aumentó por lo menos diez veces en estos doscientos años.

El Renacimiento, decía Monux en 1999, supone un punto de inflexión histórico en muchos aspectos, entre ellos en la relación entre ser humano y la naturaleza. No sólo en el sentido humanista de la consideración del ser humano como centro del universo y de las preocupaciones intelectuales, sino en el de la propia capacidad de éste para transformar esa naturaleza. Hasta entonces, las técnicas eran un conocimiento heredado, más o menos perfeccionado con el tiempo, para adaptar el medio natural a las necesidades humanas. Ofrecían soluciones que respondían a una finalidad comprensible —esas necesidades—, a un para qué, sin que necesariamente se supiera explicar el por qué determinada solución técnica funcionaba de cierta manera». Nace entonces ese indisoluble vínculo entre ciencia y tecnología, la llamada «tecnociencia» por algunos autores.

Uno de los eventos sociales de mayor importancia en el período renacentista es sin duda alguna la Reforma. El papel de ésta en el desarrollo industrial ha sido motivo de amplia polémica. Mientras que algunos autores han señalado que el individualismo, el culto al trabajo y la misma erosión del poder económico-agrícola de la Iglesia católica fueron esenciales para el desarrollo industrial, otros tienden a minimizar su importancia. Al margen de otras consideraciones sobre esta polémica, existen algunos indicadores que vale la pena comentar. A finales de la Edad Media, en Alemania, situación que posiblemente era similar en buena parte de Europa, existían 204 días festivos contra apenas 161 laborables en el año. De igual modo, en los primeros años del siglo XIV los días laborables en París eran 155 contra 210 días festivos. Esta situación era intolerable para talleres artesanales o pequeñas industrias que comenzaban a recibir pedidos de cierta magnitud.

El calendario católico estaba mejor ajustado a la población rural y a la economía agrícola feudal, cuando se concentraba la energía en las estaciones de siembra y cosecha, seguida por lapsos prolongados, más el invierno, en que disminuía el trabajo, pero resultó reñido con actividades de producción continua como las que estaban surgiendo a todo lo ancho de Europa. No queremos decir que sin la Reforma hubiese sido imposible la posterior revolución industrial, tan sólo que establecer que tan sólo el domingo era «*día de guardar*» seguramente aumentó la productividad. En todo caso la nueva «ética protestante» apuntaba hacia una mayor valorización del trabajo y su remuneración, si se quiere, en términos actuales, hacia un premio por la generación de riqueza.

Los códigos desarrollados por los grupos más fundamentalistas protestantes elevaron de inmediato a unos 300 días las fechas laborables mediante el expediente de eliminar el santoral, con el consiguiente impulso a la productividad. Calvino (1509-1564), como Mahoma previamente, se hizo el hombre más influyente de su ciudad, una suerte de dictador de una república protestante. Luego, de dar un impulso inicial a cierto liberalismo, muchos grupos protestantes crearon un *status quo* de gran intolerancia.

Entonces, ¿hasta qué punto la Reforma no resultó ser una conveniencia económica en las ciudades del norte de Europa, donde estaba naciendo la burguesía y la industria? El resultado final de la Reforma en Inglaterra, al margen de la carga emocional y el romanticismo que evoca la figura de Enrique VIII, tuvo igualmente implicaciones económicas al ocurrir el reparto de las tierras que pertenecían a la Iglesia.

Profundas son las conmociones sociales y políticas en Europa a partir de las expresiones de Calvino y Lutero (1483-1546). En particular en el siglo XVII las guerras religiosas determinan cientos de miles de muertes y la destrucción de la economía en muchas zonas. Pero, en medio de climas oscilantes en su intolerancia, comienzan a surgir situaciones y lugares donde hay un espacio para la libertad intelectual. En Francia, bajo el largo reinado de Luis XIV (1643-1715), la intolerancia religiosa se alterna con cierta permisividad intelectual en la corte de Versalles, donde el lujo y la pompa casi oriental se alternan con la creación de una Academia de Ciencias y luego un Voltaire (1694-1778) irrespetuoso que se burla del *status* entre una recepción y otra.

La actitud de Versalles, con su aire que nos recuerda a los califas árabes de antaño, es imitada en otras cortes europeas y el debate, muy frecuentemente con ribetes de diletante, sobre la naturaleza del hombre y sobre sus derechos, comienza a tomar un ímpetu que ya nadie podrá detener.

En el siglo XVI también ocurre una apertura de la aislada Rusia hacia Occidente. Los esfuerzos de un zar atípico, Pedro el Grande (1682-1725), que intenta transferir costumbres y tecnologías desarrolladas en Occidente a su atrasado país, amplían el área de influencia de las manufacturas y el comercio europeo.

La revolución comercial, la pasión del conflicto religioso y la consolidación de las monarquías centralizadas estimulan también un movimiento intelectual cuyas consecuencias históricas alcanzan nuestros días. El proceso que había comenzado durante el Renacimiento con el desenterrar de los clásicos griegos comienza a adquirir una personalidad propia. Tras las primeras manifestaciones de un Erasmo (1466-1536), el destino de los hombres y sus organizaciones sociales va a ser enriquecido por las ideas de Tomás Moro (1478-1535), Lutero, Calvino, Francis Bacon (1561-1626), Hobbes (1588-1679), Descartes (1596-1650), Milton (1608-1674), Spinoza (1632-1677), Locke (1632-1704) y Montesquieu (1689-1755). Entre batalla y batalla, intrigas palaciegas, expansión del comercio, hambre y miseria en las callejuelas de París, Londres o Estrasburgo, va surgiendo una forma diferente y novedosa de vivir y pensar.

Capítulo 9

Ciencia y tecnología: la nueva hermandad

Ya hemos visto cómo los distintos eventos de los siglos XVI y XVII crearon condiciones para una revolución comercial en Europa y desplazaron gradualmente los centros de poder hacia la costa atlántica. El crecimiento de la población y la internacionalización del comercio demandaron mayor producción y productividad, demandas que hacían necesario introducir cambios en las tecnologías tradicionales.

Los cambios tecnológicos a fines de la Edad Media, tanto en la industria incipiente y en la agricultura, no tienen un carácter revolucionario, y consisten en innovaciones y perfeccionamientos sobre técnicas, instrumentos o equipos preexistentes. En la agricultura, ocurren altibajos en la producción y la productividad más orientados por el clima que por cambios en los sistemas de cultivo. Buena parte de las tecnologías agrícolas alcanzaron cierto grado de estancamiento a finales de la Edad Media y comienzos de la Edad Moderna. Algunas, como la rotación de cultivos, habían comenzado a expandirse desde el siglo XIII, así como el uso de fertilizantes de origen animal, pero no ocurre ningún cambio revolucionario en los implementos agrícolas, si exceptuamos la gradual introducción del hierro en los arados. Como es bien conocido en la actualidad, un cambio importante en la tecnología requiere un cambio en la demanda de bienes y servicios.

Coler hacia 1593 y Tusser en 1573 publican libros sobre economía rural y contribuyen a difundir el conocimiento existente. Algo similar ocurre con las tecnologías asociadas al procesamiento de los granos, y si bien es cierto que el incremento en número de los molinos activados por agua y luego el de aquéllos basados en la energía eólica aumentó la eficiencia de este proceso, para finales del siglo XVI se alcanzaron los límites máximos de energía que podía ser generada por esa vía con la tecnología existente: unos 10 caballos de fuerza en el caso de los molinos de agua y 30 en los de viento.

Productividad

La productividad industrial aumentó en forma asimétrica y con frecuencia la oposición de los gremios jugó un papel importante en limitar la difusión de nuevas máquinas o modificaciones de las existentes cuando tenían algún efecto en el desplazamiento de mano de obra. El poder de los gremios tuvo características distintas en los países de Europa. Así, entre los siglos XVI y XVII éste alcanzó importancia en España, Francia, Inglaterra y los principados de la actual Alemania. En los siglos XVI y XVII se registran edictos en muchas ciudades francesas y alemanas que prohíben el uso de ciertas innovaciones. En algunas oportunidades, las turbas, estimuladas por los gremios, procedieron a destruir y saquear los establecimientos industriales innovadores. Aun así, las relaciones entre los costos de producción y venta estimularon continuamente la innovación de equipos y procesos.

Previamente señalamos cómo la demanda creciente de carbón estaba determinando la necesidad de explotarlo a una profundidad cada vez mayor y cómo los costos de extracción del agua llegaron a superar a los destinados a extraer el material. Desde la Alta Edad Media este problema estimuló una serie de modificaciones en las técnicas, que elevaron la productividad. Algo similar ocurre en relación con el resto de la industria de minería y las fundiciones en la banda que va desde Alsacia hasta la actual Checoslovaquia.

Así, entre 1575 y 1747, de acuerdo con Kellenbenz, la productividad en las fundiciones pasó de 27,5 kilogramos por hombre a 56, un incremento de más del cien por ciento en menos de dos siglos. Durante este lapso, los simples hornos de la Edad Media van siendo sustituidos por hornos de soplado continuo, ancestros de los altos hornos de épocas más recientes. Sin embargo, será necesario esperar hasta 1707, cuando por primera vez se emplea coque en la fundición de hierro, para que ocurran cambios significativos.

Los telares aumentan en tamaño y complejidad y permiten un incremento notable en el número de hilos. También ocurren cambios en la organización y tamaño de los establecimientos textiles, orientados a una suerte de producción en serie. Estos establecimientos se van transformando en polos de atracción que determinan no sólo el crecimiento de la población, la apertura de nuevos negocios, sino también, junto a la extracción de carbón y otras actividades artesanales en crecimiento, el surgimiento de una nueva clase social: los obreros.

La industria naviera se desarrolló con ímpetu a partir de 1450 y se observan notables innovaciones como la carabela, primero en Portugal y luego en España, el *boyer*, en Holanda y los países escandinavos y los *fly-ships* de los ingleses. Surgen muchas combinaciones de la vela latina y las velas rectangulares para aumentar la velocidad, captación de viento y estabilidad de las naves. Muchas soluciones ingeniosas adornan los barcos que ahora deben ser diseñados para travesías en el tormentoso Atlántico.

En el Mediterráneo persisten los galeones donde las aguas tranquilas no han estimulado cambios profundos por más de dos mil años en la tecnología de las naves. La evolución de la técnica naviera se ilustra claramente a través del tonelaje. Los barcos de Colón oscilaban entre 80 y 120 toneladas. La nao portuguesa y los *man-o-war* británicos superaban las 600 toneladas hacia 1620.

De esta misma época data una de las primeras tecnologías desarrolladas en las colonias españolas de América. En México los españoles no encontraron grandes cantidades de oro, pero sí importantes minas de plata, factor de primer orden en la economía de la metrópolis. En las minas de Pachuca, Bartolomé de Medina desarrolla la tecnología de la amalgama de plata y mercurio que será empleada en el Perú a partir de 1571 y en Europa a partir de 1640. Éste es el primer caso de transferencia tecnológica entre América y Europa, si obviamos la introducción de cultivos, junto a los conocimientos, como la papa, el maíz y el tomate.

La imprenta y la difusión del conocimiento

Pero sin duda el mayor cambio tecnológico de la época es la imprenta. La posibilidad de producir libros a una razonable velocidad no sólo contribuye a la creación de un nuevo clima intelectual, sino que promueve la difusión de las tecnologías conocidas. El invento de Gutenberg es explotado en forma de un monopolio ubicado en Mainz, pero la demanda es de tal que determina la rápida expansión de esta nueva técnica. Para 1500 doce países distintos tienen imprentas y se han impreso unos 40 mil libros de muy diversa naturaleza. Para dar una idea de la importancia de esta nueva industria, en los primeros años del siglo XVI Anton Koberger, en Nuremberg, poseía un establecimiento con cien operarios y veinticinco prensas.

La tecnología de la impresión evoluciona rápidamente. Sobre el modelo básico de Gutenberg ocurren innovaciones sobre los tipos, se hace común el empleo de prensas de tornillo cada vez más eficientes y a partir de 1683 se utiliza el antimonio para endurecer las aleaciones de plomo. Entre 1520 y fines del siglo XVII la difusión de las tecnologías existentes fue realmente muy amplia, no sólo se recogieron manuscritos preexistentes, sino que la misma existencia de este nuevo medio de difusión estimuló a los escritores.

El libro de Biringuccio (1480-1539), *Pirotechnia,* pone al día las técnicas de la metalurgia en 1540. Luego Agricola (su nombre real fue Georg Bauer, 1494-1555) publica *De re metallica,* con ediciones en latín (1556) y alemán (1557); Besson publica en Lyon la primera revista técnica, *Théatre des Instruments* a partir de 1588. En 1598 Liebau publica lo que bien pudiésemos considerar como el primer tratado de química (*Alchemia*) y en 1665 Dudley el *Metallum martis*, donde refiere el uso del carbón en la fundición de hierro. Finalmente, no es menos importante la contribución de Paracelso (1493-1541).

En poco más de un siglo se consignan en libros y otros documentos dibujos, especificaciones y planos que permiten la rápida absorción de las diversas técnicas de construcción, así como la ampliación del número de talleres capaces de construir algún tipo de maquinaria. Surge una gradual diferenciación entre el artesano iletrado y aquel capaz de leer e interpretar planos y dominar los elementos del cálculo. Para este tipo de artesano comienza a utilizarse el término ingeniero.

La edición en alemán de *De re metallica* ilustra otro tipo de cambio importante y ése es la aparición de ediciones en lenguas distintas al latín. Por muchos años más las obras de corte más académico seguirán siendo publicadas en latín, pero la demanda en el caso de los «libros técnicos» es en la lengua de cada país. Ediciones en inglés, francés, alemán e italiano se hacen cada vez más comunes, lo que acelera igualmente la transferencia interna de conocimientos. También a comienzos del siglo XVI se inicia el proceso que va a diferenciar a España y Portugal de las restantes grandes potencias europeas, y entre los factores más importantes se encuentran la preservación de los latifundios, formas feudales de explotación, una economía rentística basada en sus grandes colonias, rígida supervisión eclesiástica y de la Corona sobre los escritores y las imprentas.

Instrumentos: la ventana hacia un nuevo mundo

En varias oportunidades hemos señalado que uno de los obstáculos más serios para el desarrollo de la ciencia durante la Edad Media había sido la inexistencia de instrumentos. La ciencia ciertamente no avanza, como sí lo hizo la tecnología, por el profundo clima de misticismo y la intolerancia religiosa durante la Edad Media, pero tampoco podía ir muy lejos dada la inexistencia de soluciones tecnológicas para profundizar en la indagación sobre los procesos naturales.

Tres instrumentos van a ser desarrollados en sucesión para darle al hombre una nueva capacidad de observación y análisis. Primero la posibilidad de medir el tiempo en forma precisa a partir del invento de los relojes mecánicos; luego la posibilidad de atisbar hacia las cosas que no podemos ver por su reducido tamaño gracias al invento del microscopio (Leeuweenhoek, 1622-1723) y, luego, la posibilidad de observar el espacio extraterrestre, los satélites, planetas y galaxias, gracias al telescopio de Galileo (1564-1642). Estas nuevas técnicas encuentran rápidamente talentos que las hacen avanzar en precisión y teorías que deben ser sometidas a prueba.

Tras las primeras observaciones de objetos microscópicos por Leeuweenhoek, aparece Robert Hooke, quien desde su cargo en la Royal Society en Londres perfecciona el microscopio, observa y utiliza por primera vez el término célula y publica en su famoso libro *Micrographia* observaciones y comentarios que abrirán nuevas avenidas en el conocimiento.

El telescopio de Galileo viene precedido por el desarrollo de la teoría heliocéntrica de Copérnico (1473-1543) y un creciente interés por dirimir la posición de la Tierra en el espacio. El acceso a lo infinitamente pequeño y a lo extraordinariamente grande se ha abierto.

El conocimiento viene ganando en aprecio social y aún obligado a seguir rutas tortuosas frente a la intolerancia religiosa, comienza a tener expresiones como la de Galileo en Italia y Francis Bacon (1561-1626) en Inglaterra, este último un verdadero filósofo de la ciencia y la tecnología, el primero en señalar la existencia de una lógica operativa en la interacción entre ambas, «entre la mente humana y la naturaleza de las cosas». Tras siglos de complejas disquisiciones metafísicas, surge finalmente un hombre que señala claramente que «la soberanía del hombre yace en el conocimiento». Bacon es explícito al señalar que el conocimiento empírico debe engranar estrechamente con el conocimiento científico. Una idea que constituye una de las grandes síntesis del pensamiento universal.

Bacon en cierta forma se adelanta a su tiempo, por es posible que haya sido un inteligente observador de los eventos que estaban ocurriendo en Europa. En efecto, además de un incremento en el número de libros que tratan temas de tipo técnico, están ocurriendo innovaciones institucionales. Entre ellas destacan la Academia de los Secretos de la Naturaleza creada en Nápoles hacia 1560, donde se reúnen mentes inquietas que debaten en torno a leyes y principios. Luego la Academia de los Unces, fundada en Venecia en 1603, con ramificaciones en Pisa y Papua, donde Galileo acude durante diez años, seguida por la Academia del Cimento, en Venecia, en la cual participó el mismo Galileo y su discípulo Torricelli. Finalmente, en 1662 es creada la Royal Society en Londres, que será el polo de atracción del primer contingente numeroso de científicos que se reúnen a debatir y aprender los unos de los otros. La Sociedad Real de Inglaterra congrega a Boyle, Hooke, Huygens y Papin, luego a Oldenburg, Newton y muchos más. Cuatro años después es creada su análoga francesa (1666), donde destaca Mariotte entre sus propulsores.

Estas academias van a propiciar la interacción de matemáticos como Cardano y Tartaglia, con inventores profesionales como Robert Hooke (1635-1703) y su seguidor como Secretario de la Sociedad, Denis Papin (1647-1712), que mes a mes debían someter a consideración de los académicos innovaciones, nuevos instrumentos o ideas. Así, estos dos hombres, los primeros asalariados de la ciencia en los tiempos modernos, inventaron cosas como termómetros, barómetros, sextantes, micrómetros, barcos movidos por paletas, máquinas de vapor o teorías sobre el origen de los cráteres lunares.

En esta misma época, William Gilbert (1544-1603) describe las propiedades eléctricas y magnéticas de diversos cuerpos y Otto van Guericke (1602-1686) construye la primera máquina eléctrica, un generador electrostático. La medición del tiempo, elemento tecnológico crítico para abrir las puertas de muchos campos de la indagación científica, también es abordado por Robert Hooke y luego por Huygens (1629-1695). Este último desarrollará ideas de Galileo en su obra *Horologium oscillatorium*, en particular sobre el movimiento pendular, y luego resolverá problemas de movimiento circular y centros de oscilación.

Principia matematica es publicada en 1687, trece años antes de concluir el siglo XVII. La obra de Newton redondea las ideas de Copérnico, Galileo, Brahe y Kepler en una teoría de la gravitación universal que va barrer con los obstáculos conceptuales a la innovación, tanto en el campo de la ciencia como en el de la tecnología. En estos últimos años del siglo la ciencia comienza a adquirir cierta personalidad propia y la interacción entre la ciencia y la tecnología se hace cada vez más intensa.

Cuando Boyle en Inglaterra y Mariotte en Francia desarrollan las leyes de los gases, allí están atentos Hooke y Papin para construir una caldera e intentar una aplicación práctica a una nueva forma de energía. No serán ellos los constructores de la primera máquina de vapor de uso industrial, pero señalan el camino que pocos años más tarde le permitirá a Watt poder hacerlo.

Finalmente se está estableciendo un ciclo complejo de influencias recíprocas que en los siguientes dos siglos modificará profundamente la sociedad y le imprimirá a la historia nuevos rumbos y tasas de cambio.

Francis Bacon aspiraba a institucionalizar la ciencia y el conocimiento. Entre sus grandes y futuristas ambiciones estaba el crear una organización constituida por investigadores y tecnólogos, por hombres de conocimiento e ingenio que fuesen protegidos y financiados por el Estado. No tuvo la oportunidad de ver los institutos de investigación ni el desarrollo de laboratorios destinados a la investigación en las universidades, pero anticipó la necesidad de este tipo de actividad así como la integración armónica entre la generación del conocimiento y la tecnología. Resulta curioso que esa iniciativa de Bacon haya sido tan parecida a la de Ptolomeo en Alejandría casi 1.900 años antes.

Capítulo 10

Nace la Revolución industrial

Así como las últimas décadas del siglo XVII constituyen el escenario del renacer de la actividad científica, el siglo XVIII, uno de los períodos de mayor inestabilidad política de la historia universal, va a ser el lapso en el cual se colocan los cimientos del desarrollo actual de la ciencia, la tecnología y la industria. En el siglo XVII aún no hay condiciones apropiadas para el libre ejercicio de la opinión o para introducir cambios revolucionarios en los sistemas de producción. Buena parte de la energía humana se consumió en las guerras religiosas, en la intolerancia y en la búsqueda de mecanismos para fortalecer las nuevas naciones. Las guerras religiosas abarcan un largo y doloroso capítulo de la humanidad que se extiende desde que Felipe II intenta, a través del Duque de Alba, mantener la supremacía católica en los países bajos en 1573, hasta 1714 cuando Jorge I es designado rey de Inglaterra por un acto del Parlamento.

Pero no todo es guerra en los siglos XVII y XVIII, hay lapos de paz y crecimiento económico. Las fuerzas intelectuales, al comienzo fuertemente reprimidas por la intolerancia religiosa, hacen explosión al sobrevenir tiempos de mayor libertad en Inglaterra, Francia, Alemania, Italia y los Países Bajos. Lamentablemente, en otras naciones como España el clima de intolerancia se mantiene, así como los modos de explotación de la tierra y una economía con un carácter rentístico.

El siglo XVIII es un magnífico laboratorio en el cual los resultados de la revolución inglesa dirigida por Cromwell será analizada por las restantes sociedades europeas. Que sea el Parlamento el que decida sobre el siguiente monarca, aprovechando la coyuntura de que Ana (1702-1714) no tenía descendientes, constituye un cambio tan profundo como la decisión de Cromwell de cortarle la cabeza a Carlos I en 1649, decapitación que demostró que los monarcas no eran tan divinos como se autoproclamaban. Algo más de un siglo después, la Revolución francesa y la norteamericana marcarían pautas en las formas de gobierno, organización de las sociedades y derechos humanos que persisten hasta nuestros días.

En todo caso, en Inglaterra se configura una especie de democracia parlamentaria oligárquica, en la cual el voto adquiere un significado y el dinero comienza a jugar un papel tan importante como la nobleza de origen. Bajo estas circunstancias Robert Walpole es designado primer ministro de un reino donde el monarca no hablaba inglés, ya que Jorge I era alemán, de la casa de Hannover. Inglaterra es un teatro fundamental del acontecer tecnológico del siglo XVIII, pues en ella no sólo se ocurren eventos relevantes de la ciencia y la tecnología, sino que es posible trazar líneas de continuidad en pensamiento y realización desde la Royal Society hasta la Revolución industrial. En una síntesis que seguramente es muy simplista podríamos señalar que, por lo menos en los círculos mejor informados de Inglaterra, había una actitud que se puede resumir así: los sabios de Cambridge dicen que la Tierra gira alrededor del Sol, Hooke ha visto organismos microscópicos que nadie sabía que existían y junto a Papin experimenta con una máquina de vapor. Las ideas de Bacon circulan y en los puertos se observan nuevas mercancías ya que en los años de paz los comerciantes británicos comenzaron a interesarse cada vez más en América y Asia, continentes donde España y Portugal hacían excelente negocio explotando materias primas y colocando manufacturas en un mercado que crecía paulatinamente, pero sin capacidad para producirlas. Flandes, Inglaterra y los puertos del norte de Europa comienzan a suministrar manufacturas tanto a España y Portugal, como a sus colonias.

Con excepción de las colonias del Atlántico Norte, Inglaterra y Francia se habían rezagado en el reparto de tierras y almas en el Nuevo Mundo entregado a España y Portugal por el Tratado de Tordesillas, incubado por el papa Alejandro Borgia en 1493. Inglaterra también se había rezagado en relación con Francia y Portugal en las incursiones hacia África y Asia. Sin embargo, la producción interna de textiles, en particular de lana, había aumentado notablemente y existía hambre de nuevas fibras como algodón y lino, mientras que las manufacturas metálicas crecían.

En 1709 un industrial de Shropshire, el cuáquero Abraham Darby, desarrolló un nuevo método para fundir hierro utilizando coque de carbón. En 1711 Thomas Newcomen diseña y construye una máquina de vapor para sacar agua de las minas de carbón. Pero para la economía de Inglaterra los textiles también eran importantes y existía una demanda de innovaciones para resolver ciertos problemas. En 1733 John Kay, un tejedor de Lancashire, diseñó una lanzadera volante que tejía con mayor rapidez que cualquier otro método disponible para la época.

Las máquinas de vapor tienen una larga historia, recordemos a Herón de Alejandría con su curioso juguete-reactor, así como los experimentos de Hooke y Papin. Pocos años antes de que Newcomen construyera su máquina, Thomas Savery en 1699 demostró ante la Royal Society un pequeño motor a vapor que pronto patentó y comenzó a vender a los mineros de Cornwall. Pero la máquina de Savery no era particularmente eficiente y la de Newcomen, gracias a un sistema de enfriamiento del cilindro y una válvula de seguridad, comenzó a imponerse. Entre 1713 y 1718 Newcomen realizó otras modificaciones que elevaron el poder y la eficiencia de su artefacto. Poco después esta máquina comienza a ser exportada y sus usos se amplían. En 1726 el sistema de suministro de agua a Londres fue dotado con una bomba animada por vapor.

La máquina de vapor constituye la innovación tecnológica más importante de la época, aunque simultáneamente los molinos de viento son intensamente modificados y su eficiencia aumenta gracias a cambios en el diseño de las «*velas*» y por el invento de la veleta o *fan-tail* patentada por Lee en 1745. Esta innovación permitía orientar las aspas o velas permanentemente hacia el viento. Más tarde, en 1787, Mead diseña un gobernador centrífugo automático, una innovación similar en concepto a la introducida por Watt en la máquina de vapor, que le otorgará a los molinos de viento mayor eficiencia. Pero la máquina de vapor tenía una gran ventaja, su autonomía, no era necesario esperar por el viento.

En el campo agrícola también se registran innovaciones importantes. En 1733 Jethro Tull inventa la sembradora automática y la idea, ya aplicada en otras zonas de Europa, de rotar anualmente los cultivos, se impone en Inglaterra. Bakewell y otros criadores realizan interesantes adelantos en la selección de ovejas, vacunos y caballos. En el área médica destaca John Howard (1726-1790), quien desarrolla una técnica de la cuarentena y la gradual introducción del ácido clorhídrico diluido como desinfectante en algunos hospitales a partir de la experiencia de Guyton-Norveau (1737-1816) en Francia.

En el área textil, las innovaciones se van sucediendo con rapidez. La hiladora de Hargreaves y la hiladora continua de anillo de Arkwright son pasos previos al telar automático de Cartwright. Cada una de ellas, animada por una versión más eficiente de la máquina de vapor de Watt, determinó hacia 1771 una gran ampliación de la capacidad de los telares cuya producción y número de empleados constituyen un icono de la Revolución industrial. Cinco años más tarde, en 1776, Adam Smith (1723-1790) publica su famosa obra *Inquiry into nature and causes of the wealth of nations*, colocando las bases de la ciencia económica moderna y del liberalismo económico.

Adam Smith refleja mejor que nadie el profundo cambio que está ocurriendo en Europa y se convierte de algún modo en el filósofo de la economía moderna. Al margen de los distintos sistemas económicos y escuelas que dominan la realidad y el pensamiento económico de nuestros días, Adam Smith persiste como un pionero de compulsoria citación cada vez que se analizan mercados, impuestos, producción, comercio, trabajo o plusvalía.

Hacia 1785 las máquinas de vapor están siendo empleadas frecuentemente en fábricas de papel, hilanderías, talleres de forja y fundición, servicio público de agua, cervecerías y otras industrias. Además de su impacto directo sobre procesos y formas de organización industrial, las máquinas de vapor ejercieron importante presión sobre la industria metalmecánica al demandar materiales más finos, mejor acabados y gran resistencia. La necesidad de aumentar la eficiencia de las máquinas fue una importante fuente de innovación en la tecnología del hierro, acero y bronce.

Los breves años de paz cesaron e Inglaterra. Como el resto de las grandes naciones de Europa, se involucró en los conflictos intermitentes que ocuparían buena parte de la segunda mitad del siglo XVIII. Estas nuevas guerras determinaron las primeras «carreras armamentistas» cuyos efectos sobre la tecnología resultaron ser importantes. Consolidado el poder de las monarquías y el proceso que lleva a los «Estados nacionales», los ejércitos adquieren un permanente y una organización profesional. Los ejércitos de Inglaterra, España y Francia se van a enfrentar en el Caribe, en América del Norte y en Asia, mientras que los holandeses y otros herederos de la tradición comercial de la Liga Hanseática merodean en procura de nuevos mercados. Turquía, Egipto y los países árabes también serán escenario de conflictos mayores y menores.

El predominio sobre el mar es la preocupación central, sin desmedro de la necesidad de una artillería eficaz, una disciplinada infantería y una ágil caballería. Los navíos crecen en tamaño y velocidad; los cañones evolucionan y hacia 1760 dos industriales, Roebuck y Wilkinson, comienzan a fabricar cañones en serie. Este último, cuyo nombre persistirá hasta nuestros días asociado a una marca de hojillas de afeitar, desarrolla la técnica de los cilindros horadados en hierro, que de inmediato es empleada para la manufactura de los cilindros de las máquinas de vapor.

El uso del coque en las fundiciones permite el desarrollo de aleaciones más ligeras, flexibles y resistentes. Esto permite cambios profundos en las armas de fuego ligeras, las espadas, lanzas, pectorales, herrajes para los caballos, diversos implementos para carretas y la gran heterogeneidad de artículos metálicos que un buque de guerra demanda. Los cañones aumentan en tamaño, capacidad y alcance.

El hijo de Abraham Darby y el mismo Wilkinson construyeron el primer puente metálico de la historia. Wilkinson por lo demás amasó una gran fortuna fabricando sillas, mesas, recipientes de diverso tipo y hasta el primer casco de un bote. Otras combinaciones del hierro y el vapor fueron sugeridas tan pronto evolucionó el estado del arte de ambos. En 1730, en Inglaterra, Allen sugirió la posibilidad de un buque propulsado por vapor con estructura de hierro. En 1736 Jonathan Hulls obtiene la patente para un remolcador de paletas activado por una máquina de vapor, invento que nunca llegó a desarrollar. En 1733 los derechos de la patente de Newcomen caducaron y los principios básicos, así como el diseño, se hicieron muy populares en Europa gracias al libro de Desaguliers publicado en Francia en 1744.

La genealogía del vapor, con sus múltiples contribuyentes, Herón, Hooke, Papin, Savery, Newcomen, Hulls y los norteamericanos Rumsey y Fitch, ceden paso a la figura de James Watt (1736-1819) en la oportunidad de asignar méritos. Watt realiza una inteligente síntesis del conocimiento previo y realiza las modificaciones que harán de la máquina de vapor un instrumento industrialmente confiable. Utilizando la nomenclatura actual casi podríamos describir las máquinas previas como prototipos y la de Watt como el resultado comercial de una larga lista de cambios e innovaciones. Por otra parte, la máquina de Watt resulta de una importante síntesis entre el conocimiento artesanal y los principios científicos relacionados con el calor. Vale la pena un paréntesis para describir ese proceso.

Una máquina de Newcomen era utilizada en la Universidad de Glasgow por el profesor Black para realizar demostraciones en los cursos de física. Un buen día la máquina se dañó y Black llamó a James Watt, mecánico de instrumentos al servicio de la Universidad. Black dominaba muy bien los principios físicos del calor y en su estrecha relación con Watt esos conocimientos fueron transferidos al experto mecánico. En 1764 Watt inicia la reparación de la máquina y observa que ésta posee defectos que reducen su eficiencia teórica. Pronto mejora la máquina mediante la separación del cilindro y del condensador. En breve se firma uno de los primeros contratos de «costo y riesgo compartido» entre James Watt y Roebuck. El primero dedicó todo su tiempo y energía al rediseño de la máquina y el segundo arriesgó su fortuna. En 1768 Watt concluyó una máquina que supuestamente podría ser construida industrialmente. El resultado fue desastroso y Roebuck se declaró en quiebra en 1773, por lo que le corresponde el dudoso honor de haber sido uno de los primeros empresarios arruinados por un inventor. Sin embargo, Watt no pasó a la historia por haber contribuido a la ruina de Roebuck, sino por haber tenido éxito algunos años después.

Un industrial de Birmingham, Matthew Boulton, decidió consultarle a Erasmo Darwin y a Benjamín Franklin, sobre «ese nuevo invento de Newcomen» y sus alternativas futuras. También consultó a Roebuck quien, a pesar de su situación económica, seguía pensando que Watt estaba tras pistas correctas. En 1775 Watt reinicia el proyecto asociado con Boulton y, tras diseñar una válvula para regular el vapor y un gobernador centrífugo, logra en la década de 1780 el éxito tecnológico y económico buscado.

Watt constituye un interesante ejemplo de la asociación entre la inventiva, la ciencia básica y la industria. Quizás la máquina de vapor sea uno de los primeros casos en que estas tres fuerzas se asocian para el desarrollo de un producto y lo hacen en torno a uno que es demandado por la actividad económica y que además va a su vez a generar multitud de nuevas innovaciones.

Que Boulton haya consultado a Benjamín Franklin (1706-1790) no es nada sorprendente, éste ya era bien conocido por sus experimentos con electricidad, el invento del pararrayos, sus opiniones políticas y la publicación en 1752 de su *Experiment and observations on electricity made at Philadelphia in America* le habían abierto un espacio entre la intelectualidad europea. Que le haya consultado también a Erasmo Darwin sí que constituye una coincidencia interesante.

El caso de la máquina de vapor, sin ser el único, ilustra el inicio de un matrimonio que va a persistir en los siguientes siglos: ciencia y tecnología, conocimientos básicos permitirán el desarrollo de nuevas técnicas e instrumentos, y entre ellos, no faltarán los que requieren los científicos para buscar y entender nuevos conocimientos. Ese sistema de retroalimentación es claramente entendido y explotado por las naciones más avanzadas. En otras aún se debate sobre él y en las más atrasadas no faltan gobiernos que piensan que se debe financiar la tecnología y dejar a un lado la ciencia.

Pero regresemos de nuevo a Erasmo Darwin (1731-1802), abuelo de Charles Darwin, quien en el siglo siguiente habría de causar una de las revoluciones conceptuales más profundas en la historia de la humanidad. Además de ser precursor de las ideas evolucionistas de su nieto, destacó como innovador y observador de los cambios tecnológicos agrícolas en el siglo XVIII. Erasmo Darwin publicó un famoso libro denominado *Zoonomía* o *leyes de la vida orgánica*, que compendia las distintas observaciones empíricas de la época sobre el mejoramiento de razas y los resultados de cruzamiento entre distintos tipos de plantas. Erasmo Darwin, Buffon y Lamarck constituyen una trilogía de pioneros que, seguidos por Charles Darwin y Mendel, colocarán las bases de las ideas actuales sobre genética y evolución, madres de la nueva revolución tecnológica que marca a los siglos XX y XXI.

En la segunda mitad del siglo XVIII ocurren muchos eventos que aceleran la Revolución industrial. Inglaterra se llena de canales como una solución al crecimiento de las demandas de transporte industrial. Barcazas con carbón, hierro, textiles, alimentos y hasta ganado en pie cruzan el país en distintas direcciones. Uno de los propulsores de esta forma de transporte fue Joshua Wedgewood propietario de una importante fábrica de cerámica en Staffordshire, importante innovador en las tecnologías vinculadas a la cerámica y, cerrando un círculo familiar, Charles Darwin se casaría con una de sus descendientes.

Quizás el último de los cambios tecnológicos significativos que debemos mencionar sea el desarrollo de la técnica del pudelaje por Henry Cort en 1793. Este proceso permitió, al eliminar impurezas en el hierro fundido con coque, estimular la industria de clavos, herrajes, ruedas dentadas, ejes, cilindros y otras partes y piezas metálicas.

El siglo XVIII se cierra con dos grandes eventos que tendrán profunda incidencia política y social en los siglos venideros. Por una parte la declaración de independencia de los Estados Unidos de América en 1776 y la Revolución francesa en 1789. Surge la primera república moderna de América y queda marcado el fin de las monarquías absolutistas europeas. Ambos reflejan la inquietud intelectual del siglo, la búsqueda de una estructura social más equitativa, abierta y dinámica. Búsqueda también de una mayor tolerancia, mayores oportunidades y libertad para desarrollar nuevos conceptos sociales y económicos. Wells sostiene que el siglo XVIII es «provisional como ninguna otra edad ha sido provisional, una edad de asimilación y recuperación, una pausa política, un recolectar de ideas, de hombres y de los recursos de la ciencia para un esfuerzo humano más amplio».

Se trata igualmente de un siglo con mucha comedia y poca pasión, con una intelectualidad más orientada al análisis que a la acción, y con hombres de empresa orientados a la acción y no al análisis. Un siglo de paradojas en el que, mientras se desarrolla la máquina de vapor, la inquisición intenta sus últimos esfuerzos y Voltaire esparce filosofía y cinismo en la corte de un payaso como Luis XV. Al mismo tiempo, un parlamento como el británico decide importar un rey incompetente y desinteresado, más que ocuparse de las necesarias reformas políticas que el país demanda. Quizás las únicas pasiones del siglo se desatan en las calles de París y en Europa oriental, donde el monarca prusiano Federico II (1740-1786) comienza a unificar a la atomizada Alemania bajo un poder central, y en Rusia, donde Catalina la Grande (1762-1796) hace el segundo gran esfuerzo por occidentalizar, modernizar y organizar. Quizás, como señala Wells, el siglo XVIII es provisional, pero no cabe duda de que en esos años se colocaron importantes cimientos de una nueva era.

Capítulo 11

Soñando con el futuro

En el siglo XIX domina primero la literatura romántica y luego el Realismo; la pintura oscila entre el enfoque neoclásico y termina con los impresionistas y en las universidades pululan filósofos, matemáticos, naturalistas-exploradores, médicos y muchos teóricos que un siglo después serán citados como los «padres» de una y otra ciencia y no pocas tecnologías.

En Europa, la nueva clase emergente formada por comerciantes, artesanos e industriales adopta conductas, modas y estilos de vida derivados tanto del largo reinado de Victoria en Inglaterra, como la transformación posnapoleónica del viejo París, sumados a la música y el buen comer del Imperio austro-húngaro. Es un siglo dorado en muchos aspectos, dramático en otros, como lo hacen evidente Dickens (1812-1849) en Inglaterra y Víctor Hugo (1802-1885) en Francia al describir la miseria y la injusticia en las crecientes urbes europeas.

También es el siglo en que más de medio continente, Latinoamérica, se hace independiente de España y Portugal, mientras que en el lejano Japón ocurren cambios profundos por la absorción de tecnologías generadas en Occidente. Muchas páginas serían necesarias para describir la enorme cantidad de eventos que ocurrieron y que además empedraron los caminos que recorremos en la actualidad.

Es el siglo de Darwin (1809-1882), el fundador del evolucionismo; Marx (1818-1883), economista y filósofo alemán; Pasteur (1822-

1895), químico y microbiólogo francés; Tchaikosvki (1840-1893), compositor ruso; los franceses Monet (1840-1926) y Pissarro (1830-1903) y el holandés Van Gogh (1853-1890), los pintores impresionistas; Dickens (1812-1849); Napoleón (1769-1621), militar, estadista y emperador francés; Bolívar (1783-1830), militar y libertador de Venezuela, Bolivia, Ecuador, Panamá, Perú y Colombia; Miranda (1750-1816), precursor de la emancipación venezolana; Franklin (1706-1790), científico, político e inventor estadounidense; Hegel (1770-1831), filósofo alemán; Chopin (1810-1849), compositor polaco; Baudelaire (1821-1867), poeta francés; Keats (1795-1821), dramaturgo inglés; Wilde (1854-1900), dramaturgo inglés nacido en Irlanda; Balzac (1799-1850), novelista francés; Kierkegaard (1813-1855), filósofo y teólogo danés.

También es el siglo de Victoria de Inglaterra (1819-1901), monarca del Reino Unido e Irlanda; Napoleón III (1808-1873), primer presidente de la República francesa y segundo emperador de los franceses; Victor Hugo (1802-1885), poeta y dramaturgo francés; Comte (1798-1857), filósofo del positivismo y sociólogo francés; Garibaldi (1807-1882), político italiano; Verdi (1813-1901), compositor italiano; Lincoln (1809-1865), abogado y 16º presidente de los Estados Unidos; Disraeli (1804-1881), literato y primer ministro inglés durante dos períodos; Bismarck (1815-1898), canciller de Alemania de 1871 a 1890; Machado de Assis (1839-1908), novelista y poeta brasileño; Julio Verne (1828-1905), escritor francés de ciencia ficción; Poe (1809-1849), escritor y poeta estadounidense; Spencer (1820-1903), filósofo británico; Zola (1840-1910), escritor francés; Tolstoy (1828-1910), novelista ruso; Stuart Mill (1806-1873) filósofo y economista inglés; Walter Scott (1771-1832), escritor y poeta escocés; Paganini (1782-1840), violinista y compositor italiano; Fouché (1763-1820), político francés; Theodore Herzl (1860-1904), escritor judío fundador del sionismo moderno; Dostoyevski (1821-1881), novelista ruso, y Schopenhauer (1788-1860), filósofo alemán, por mencionar algunas de las figuras de la ciencia, la economía, la literatura, la filosofía, la pintura y la política que destacaron en el siglo XIX y de cita obligatoria en cada una de esas disciplinas.

Las guerras no estuvieron ausentes, desde aquellas que enfrentaron a las grandes potencias de la época, pasando por muchas conflagraciones con y dentro de sus colonias, las guerras de independencia, aquellas entre los países que la lograron y las civiles. Un autor anónimo, en Wikipedia, suma 179 conflictos en el siglo. Se suceden guerras en los Balcanes; en Italia, que busca su independencia y unidad, como lo hacen las nuevas naciones de América contra España; entre Rusia y Turquía; entre Inglaterra y Afganistán; entre Francia y Prusia; rebeliones en África y en la India contra el Imperio británico; guerras civiles en los Estados Unidos de Norteamérica, Chile, España y Venezuela. Conflictos en China y Burma, la «guerra del opio» en China, y el cierre del siglo con el conflicto entre España y los Estados Unidos, que involucra a Puerto Rico, Cuba y las Filipinas. Buen número de las naciones que figuran en los mapas actuales nacen en ese siglo y un nuevo bloque de ellas, en África, lo harán en el siguiente.

Los centros de poder e influencia, en lo económico, científico, artístico o filosófico, son Francia, Alemania que se unifica, e Inglaterra. Se perfilan como futuros contendientes los Estados Unidos de Norteamérica y Japón. Declinan el Imperio otomano y el austrohúngaro. La idea de democracia y los derechos humanos se expande, con creciente número de procesos electorales y limitaciones crecientes al poder de las Coronas.

Pero no es un proceso libre de obstáculos y las expresiones de intolerancia, como las persecuciones a los judíos y otras minorías, no están ausentes. Además, la formalización de ejércitos profesionales hace surgir un nuevo tipo de autoritarismo y una industria militar floreciente llena de innovaciones técnicas. También declina el poder político de muchas estructuras religiosas y ya no se verán cardenales participando, tan intensamente como en los siglos precedentes, en el juego de poder de las cortes.

Quizás uno de los eventos sociales más importantes de este siglo es el desarrollo de la industria editorial, el abaratamiento de los libros y el surgimiento de un elevado número de periódicos y revistas. La información se extiende geográfica y socialmente alcanzando a un número de personas muy superior a la del siglo precedente. A la par, la fracción de la población capaz de leer y escribir aumenta continuamente, aunque, para el estándar de fines del siglo XX y el presente, la población de analfabetos seguía siendo muy elevada. Por ejemplo, Barber (2007) señala que en los Estados Unidos había 43 periódicos en 1783 y la cifra aumenta a 346 en 1814, y 11.314 figuran en el censo de 1880. La explosión de la información impresa ocurre hacia 1850 cuando surgen máquinas capaces de imprimir 10 mil copias por hora con la máquina rotativa de Hoe en 1846 y el linotipo inventado por Mergenthaler en 1884.

En otras zonas del planeta este proceso es mucho más lento a pesar de haberse iniciado antes. Por ejemplo, el primer libro editado en el continente americano, a instancias del virrey Mendoza, apareció en México en 1539. Otras imprentas aparecieron en Lima en 1580, en Guatemala en 1660 y en Paraguay en 1705. Casi todos los libros producidos en esos dos siglos en América Latina tenían carácter religioso.

Pero regresemos al siglo XIX. El vapor, ya en su madurez tecnológica, y la electricidad, aún en pañales, son fuentes de energía que incitan la imaginación. En 1870, Julio Verne (1828-1905), escritor francés de ciencia ficción, coloca en boca del capitán Nemo las siguientes palabras: «...existe un agente poderoso, obediente, rápido, fácil que se adapta a todos los usos y reina como dueño en mi buque [...] es el alma de todos mis aparatos mecánicos, es la electricidad.» Así concibe Julio Verne la energía que anima al Nautilus en su famosa novela *Veinte mil leguas de viaje submarino*. El mismo autor había publicado en 1865 *De la Tierra a la Luna*, obra con la que se anticipó casi exactamente un siglo a la llegada de los primeros humanos a nuestro satélite. ¿Era Julio Verne un visionario o ya existían elementos para anticipar los múltiples usos de la electricidad y la posibilidad de navegar fuera de nuestra atmósfera? Pues la respuesta es que en sus libros hay un poco de ambas cosas. Julio Verne estaba bien al tanto del estado del arte de la tecnología de su época y en su ficticio submarino se encuentran instrumentos como los inventados por Bunsen y Ruhmkorff, así como máquinas que se movían a vapor pero que Verne imaginó animadas por la electricidad. Por otra parte, el casco del Nautilus tenía las características que permitía el acero estructural que ya se comenzaba a emplear en los barcos a vapor. Los libros se vendieron bien, Verne estaba consciente de vivir en una sociedad que estaba asombrada por la Revolución industrial, los nuevos inventos y, al menos una fracción importante de los lectores, ansiosa de nuevos conocimientos.

Otra característica del siglo XIX, que tendrá influencia sobre la inventiva, es que el desarrollo económico y del comercio se acelera y además se expande geográficamente para incluir a los Estados Unidos y, en la segunda mitad del siglo, también a Japón, que bajo los Meiji se industrializa gradualmente. El vapor reina como fuente de energía, pero sus limitaciones eran obvias: la esclavitud a la caldera y al combustible. Ambos tenían que estar en el mismo sitio, o muy cerca, de la máquina que emplearía la energía, así como los depósitos de carbón o leña. Los accidentes eran frecuentes, los incendios un riesgo continuo.

La electricidad le entregará al hombre una fuente de energía más confiable y la posibilidad de llevarla a distancias crecientes en la misma medida que avanzaban las tecnologías para hacerlo. Tanto, que en la actualidad una elevada fracción de la población de cualquier ciudad ignora de dónde viene la energía que emplea en sus hogares o fábricas. Pero estas cosas no ocurrieron simplemente por que el hombre inventara, sino también por el surgimiento de nuevas organizaciones.

La organización del conocimiento

En el siglo XIX se hace evidente que así como eran necesarias las universidades para cultivar las artes y las ciencias, también hacía falta crear organizaciones para educar e innovar en lo tecnológico. Así, Benth crea en 1821 el bien conocido Instituto Industrial, precedido por otros ubicados en Breslau (1811), Bonn (1818) y Múnich (1826).

En los Estados Unidos, Joseph Henry (1797-1878) impulsa la Asociación Americana para el Avance de la Ciencia. El término «tecnología» es acuñado por Bigelow (1786-1879). En 1862 se crean en los Estados Unidos los llamados Land-grant Colleges, una batería de universidades diseñadas para impulsar las técnicas agrícolas y mecánicas. El bien conocido Massachusetts Institute of Technology(MIT) fue creado en 1861 y en 1863 la Nacional Academy of Sciences.

En el resto de Europa el proceso de institucionalización de la ciencia y la tecnología también avanza con rapidez. En Inglaterra se crea la primera estación experimental agrícola en 1843 (Rothamstead); en 1852, bajo la dirección de Justus von Liebig (1803-1873), nace el Instituto de Moeckeren, y en 1877 el no menos famoso Instituto Agrícola de Wageningen en los Países Bajos. En Francia se aprueban subsidios del Estado para que las asociaciones de productores desarrollen y adquieran tecnologías, mientras que el primer instituto dedicado a la silvicultura es creado en Japón.

El proceso no es simétrico y varios países europeos como España y Portugal y sus antiguas colonias de América se rezagan preservando la agricultura, la minería y el comercio como sus principales actividades, frente a un mundo que se hace tripolar hacia fines del siglo (Estados Unidos, Europa y Japón) en términos de la Revolución industrial. Ese rezago tiene su expresión política en los caudillos, los conflictos internos y la concentración del poder en una reducida clase social que perpetúa muchos aspectos de la cultura agrícola del Medioevo tardío, entre otros, la concentración de la propiedad en manos del Estado o de un reducido número de grandes terratenientes.

En Europa y los Estados Unidos, la Revolución industrial progresa al amparo de firmes de derechos de propiedad, leyes que fortalecen al ciudadano frente a los gobiernos y gobernantes que son controlados por parlamentos y sistemas judiciales cada vez más eficientes. Los agricultores, propietarios de sus tierras y libres, se hacen más eficientes. Crece el número de obreros y burgueses, mientras que se debilita la aristocracia. Comerciantes, industriales, emprendedores, nuevos colonos y sociedades mercantiles que operan en más de un país concentran poder y ejercen presión sobre los centros del conocimiento para que den respuesta a los retos técnicos, que crecen en la misma medida en que se expanden los negocios.

Las universidades no sólo crecen en número sino que se abren a nuevas carreras y cursos. En Europa y en los Estados Unidos, las academias son escenario de debates, a veces intensos, sobre las nuevas ideas, descubrimientos e invenciones.

Ferrocarriles y barcos a vapor

El ferrocarril es una respuesta a algunos de esos retos y al mismo tiempo un instrumento de cambio social. El transporte de bienes tenía grandes obstáculos que encarecían las mercancías que debían ser llevadas en carretas a través de caminos intransitables en ciertas épocas del año debido a la nieve o las lluvias, amén de las pérdidas por atracos y las correspondientes a los productos perecibles que demandaban las ciudades. El prototipo de Trevithick no tiene gran éxito, pero para 1825 la primera línea férrea comercial, animada por la locomotora de George Stephenson (1781-1848), quien había trabajado con Watt, corre entre Stockton y Darlington y en 1830 se inaugura la empresa Liverpool & Manchester con máquinas que lograban arrastrar más de treinta vagones, usualmente cargados de carbón y harina, a poco más de 25 kilómetros por hora en promedio.

En los Estados Unidos, Baldwin (1795-1866) modifica los modelos de Stephenson y su primera locomotora aparece en 1828. En los siguientes 175 años se construirán más de 700 mil kilometros de vías férreas en los Estados Unidos y más de 2 millones en el resto del mundo. El ferrocarril redujo costos y tiempos de viaje, acercó a los poblados y estimuló la creación de nuevas ciudades e industrias, pero además fue un importante factor de cohesión política en países tan extensos como los Estados Unidos, Australia, Rusia, Argentina, México, Brasil e India. Además, le dio vida a ideas sobre integración de mercados, modernización de las aduanas y simplificación de trámites migratorios. Para mediados del siglo XIX también pasan a formar parte del sistema de transporte de tropas y equipamiento bélico.

La construcción de locomotoras, vagones, barcos, calderas, ruedas y engranajes tiene un importante impacto en la industria siderúrgica y se inventan nuevas herramientas como el martillo hidráulico de forja (Nasmith, 1879-1864). Por otra parte, Bessemer (1813-1898) inventa el proceso que lleva su nombre y que mejora la calidad del acero y en consecuencia sus usos como parte medular de nuevos edificios y torres, a la par de mejores planchas como las exigidas por las locomotoras y los barcos, que siguen creciendo en tonelaje.

El transporte marítimo y fluvial también evoluciona con celeridad en el siglo XIX. A partir de 1830 van desplazando a las naves impulsadas por el viento y su empleo bélico estimula innovaciones para aumentar la velocidad y los blindajes, el tamaño y alcance de sus cañones, así como los sistemas de control y maniobra. Los vapores también tienen sus héroes de la inventiva, Robert Fulton (1765-1815) construye en 1807 el primer barco a vapor, Gray (1832-1909) el timón hidráulico y empresarios innovadores como Napier, Robert y David son los padres de la Cunard Line, por décadas la más importante empresa naviera. Con los barcos a vapor ocurre lo mismo que con el ferrocarril, el creciente comercio presiona para que se logren innovaciones que incrementen la capacidad y simultáneamente se reduzca el tiempo requerido en cada viaje. Cambian, en consecuencia, la forma de los cascos, surgen nuevas válvulas, las hélices mejoran y se busca en forma persistente aumentar la potencia y reducir el consumo de combustible por tonelada transportada.

Espacios de creatividad

En otros ámbitos, el vapor y el acero hacen viables nuevos inventos. John Fowler (1826-1864) desarrolla el primer arado a vapor y en 1837 John Deere (1804-1886), un herrero de profesión, añade las cuchillas de acero y crea no sólo el tractor como lo conocemos en la actualidad, sino una empresa que en el siglo XX será la mayor del mundo en fabricación de maquinaria agrícola. Estas nuevas máquinas generan la primera gran revolución agrícola de los tiempos modernos, cuando se juntan a los descubrimientos de Liebig y sus seguidores sobre la fertilización, biología y fisiología de las plantas.

La inventiva en el siglo XIX no parece haber tenido más límite que la misma duración del siglo. Muchos artefactos que forman parte de nuestros enseres domésticos y laborales rutinarios son desarrollados en esos años. Yale (1797-1858), inventor estadounidense, concibe en 1873 la cerradura moderna y en ese mismo año Michaux le añade los pedales a la bicicleta, una idea que viene desde Leonardo da Vinci y pasa por mejoras y diseños realizados por Sivrac y von Drais. Por otra parte, una pléyade de arquitectos y constructores comienzan a emplear el acero estructural, el vidrio y los ascensores en un afán de aproximar al hombre a las nubes: Lloyd Wright (1867-1959), arquitecto estadounidense, así como Root, Sullivan, Burham y Richardson son los padres de los modernos rascacielos. No sólo aprovechan las tecnologías disponibles, sino que en sus diseños plantean problemas que deben ser resueltos a través del cálculo de estructuras, el diseño de nuevas grúas y la producción de mejoras en la calidad del concreto y del vidrio.

El gran edificio de muchos pisos y numerosas personas cambia los hábitos de vida y las formas de interacción de los individuos. Los rascacielos y grandes conjuntos no son sólo el resultado de una colección de tecnologías, sino que van a definir una nueva forma de vivir, una sociedad distinta que, concentrada en ciudades cada vez más amplias y altas, generará nuevas demandas tecnológicas. En pocos años las alcaldías, policías y cuerpos de bomberos se ven obligados a cambiar de enfoque, los modos de llevar las estadísticas y la velocidad en la promulgación de nuevas ordenanzas. La concentración de basura y la demanda de agua pura y sistemas de evacuación de las servidas plantean nuevas soluciones ingenieriles y grandes inversiones.

Mientras que las demandas de la economía y de la sociedad inducían a cambios en las tecnologías como los señalados en párrafos anteriores, las guerras hacían otro tanto. En la guerra civil norteamericana, de predecible resultado gracias a la industrialización del norte, se utilizan inventos preexistentes como los barcos con los blindajes diseñados por Ericsson (1803-1889) e Isherwood (1822-1915), así como las minas y torpedos (Rains, 1803-1881).

Esta guerra tiene una gran importancia histórica ya que se enfrenta uno de los últimos reductos del esclavismo en el hemisferio Norte con la Revolución industrial. El éxito del norte, donde la inventiva era premiada y necesaria, se refleja en el número de patentes registradas. Entre 1790 y 1860 se registran 36 mil patentes, es decir poco más de 5 mil por año. Luego, entre 1861 y 1890, la oficina de registro tuvo que ampliar varias veces sus instalaciones para darle cabida a las 440 mil nuevas patentes, es decir, cerca de 15 mil por año. Hacia el último tercio del siglo dos hombres, Edison y Westinghouse, patentan más inventos e innovaciones que las logradas por generaciones en siglos precedentes.

George Westinghouse (1846-1914), a veces olvidado en los libros de historia pero bien recordado en el mundo de los negocios industriales, registró personalmente más de 400 patentes, entre ellas los frenos de aire para el ferrocarril y el primer motor rotativo. La empresa, derivada de sus inventos, penetró y cambió la forma de vivir de millones de personas. Westinghouse entró en conflicto con Edison sobre la decisión de emplear corriente alterna en lugar de la directa, como defendía el segundo, y al final se salió con la suya creando la segunda pero más eficiente empresa proveedora de electricidad. Luego participaría en el diseño y construcción de turbinas, y ya entrado el siglo XX también contribuyó en la elaboración de los primeros amortiguadores empleados por los automóviles.

Thomas Alva Edison (1847-1931) fue sin duda el paradigma del inventor de finales del siglo XIX y comienzos del XX. A su genialidad debemos la bombilla o foco que sin grandes cambios seguimos empleando para iluminar, el mimeógrafo, la automatización del telégrafo, la primera máquina de votación, y en colaboración con Salon, la máquina de escribir, el micrófono y el fonógrafo. Sus aventuras industriales nacen con la bombilla (1881) y un generador eléctrico; compite con Westinghouse y entre ambos por los servicios del genial Nikola Tesla (1856-1943), que trabaja primero para Edison y luego para Westinghouse. Tesla, un excéntrico, contribuyó como pocos tanto a la teoría como a inventos o innovaciones en electromagnetismo y, además, su actitud visionaria lo proyectó hacia la robótica, ideas como el radar, contribuciones en balística y, no sin controversia, hasta logró, en el mismo año de su muerte, que la Suprema Corte de los Estados Unidos lo acreditara como inventor de la radio. En todo caso, a Tesla se le debe el diseño del primer sistema de transmisión eléctrica de corriente alterna.

Mientras se avanza en la generación y control de la energía eléctrica, en los laboratorios ocurren grandes progresos en el conocimiento de las propiedades físicas y químicas de la materia. Mond (1839-1909) y Solvay (1838-1922) desarrollan los procesos para producir ácido sulfúrico, sosa cáustica, cloruro de amonio y bicarbonato de sodio a escala industrial. Lawes (1814-1900) hace otro tanto con el superfosfato que, combinado con urea, determinará grandes cambios en la producción y productividad agrícola, tanto que la humanidad tiene una gran deuda con Deere, Liebig y Lawes quienes, como nadie, contribuyeron a mitigar el hambre en el mundo.

Goodyear (1800-1860) en los Estados Unidos y Hancock (1786-1865) en Inglaterra, con semanas de diferencia, patentan la vulcanización y abren un universo de aplicaciones al caucho que, un par de milenios antes, era «*curado*» por los olmecas, que fabricaban pelotas basadas en la savia de *Hevea,* el árbol del caucho, del cual aún se extrae el producto natural. Este invento permite la posterior construcción de neumáticos y correas transportadoras, e induce al desarrollo de grandes plantaciones en Malasia, Ceilán y la región amazónica, donde años después Henry Ford tuvo un enorme descalabro financiero, la famosa Fordlandia, donde intentó llevar ideas industriales sobre la producción en serie y sus criterios personales que llegaban hasta decidir qué debían comer sus empleados brasileños. Fordlandia dejó algunas enseñanzas, la primera es la necesidad de respetar culturas e idiosincrasias, la segunda es que la ecología es una disciplina importante.

La química sigue su impresionante progreso con Fahlberg y Remsen, quines obtienen sacarina; Chardonnet, en Francia, elabora hacia 1884 las primeras fibras sintéticas, y en Inglaterra, Cross, Topham y otros participan en la producción de rayón. En Alemania los seguidores de Arrhenius, Kirchhoff y Kühne diseñan las primeras fábricas donde se aplica la catálisis y la deposición electrolítica de William Siemens (1823-1888) y el electrodorado, por su hermano Werner (1816-1892). Hacia fines del siglo Marie Sklodowska Curie, su esposo Pierre Curie y Becquerel comparten el descubrimiento y primeras aplicaciones de la radiación y se les otorga el premio Nobel en 1903. Marie Curie será la primera persona en recibir dos premios Nobel al ser de nuevo galardonada en 1911 por el descubrimiento del radium y el polonium. En forma paralela, Röntgen (1845-1923) descubre los rayos X y por ello recibe el Nobel en 1901. Los Curie y Röntgen comparten el hecho de haberse negado a patentar sus inventos y permitir el libre empleo de los mismos por parte de la comunidad científica y de los industriales, que luego desarrollaron diversos equipos basados en el fenómeno de la radioactividad.

Colocar una fuente de energía dentro de un cilindro era una vieja aspiración. Sobre esa idea trabajaron Huygens, Hooke y Papin en los albores de la Royal Society a finales del siglo XVI. Cien años después lo intenta Street en 1794, y su seguidor, Cecil, en 1820 trata de emplear turpentina como combustible. Más tarde, Wright en Inglaterra, Lenoir y Beau de Rochas en Francia también contribuyen a desarrollar la idea, que previamente había sido patentada en Londres por Barsanti y Matteucci en 1854, pero será Nikolaus Otto (1832-1891) quien diseñará y construirá en 1877 el primer motor a explosión, o de combustión interna, como también será designado, utilizando gas como combustible. Probablemente ninguno pensó que un siglo después estarían circulando millones de vehículos dotados con ese nuevo tipo de motor.

Otro alemán, Karl Benz (1844-1929), trabajando en forma independiente patentó un motor similar en 1876. Otto, Gottlieb Daimler (1834-1900) y Wilhem Maybach (1846-1929) avanzan juntos en su motor con el cilindro de cuatro tiempos que, con muchas modificaciones, persiste hasta nuestros días. Los descendientes de Daimler y Benz se unirán para crear la empresa Daimler-Benz ya entrado el siglo XX. Maybach fundará una empresa para fabricar motores para los zeppelines y luego vehículos de lujo con su nombre como marca.

Daimler y Otto transforman la bicicleta en motocicleta en 1885, con un modesto motor de 900 revoluciones, que parecen pocas con las miles que caracterizan a los vehículos comerciales. En efecto, medio siglo después, el motor Otto será el principal competidor del ferrocarril, acabará con los carruajes de tracción de sangre y le imprimirá al mundo un nuevo ritmo. Pero no debemos olvidar que, con un enfoque distinto, un contemporáneo de Otto inventa otro motor. Diesel (1858-1913) crea el de compresión-ignición, que también sobrevive hasta nuestros días, como un modo eficiente de mover grandes cargas con menores riesgos de inflamación por el tipo de combustible. Lo motores tipo Diesel se emplean en grandes camiones de carga, barcos, generadores de electricidad y, en menor grado, también en automóviles.

Fin de siglo

Edison, Westinghouse y Tesla, auténticos herederos de los pioneros de la electricidad, Ingerhousz, Volta, Faraday, Nicholson, Carlyle, Gramm, Siemens, Ruhmkorff y Gramme, para sólo citar algunos, abren las puertas de un nuevo mundo. En 1888 Singer (1811-1875), inventor e industrial estadounidense, construye la primera máquina eléctrica de coser; Siemens inicia en 1878 la construcción de una locomotora eléctrica; Seeley en 1882 fabrica una plancha eléctrica; en 1888 Schuyler construye el primer ventilador y luego, entre la última década del siglo y las primeras del siguiente, hogares y oficinas comenzarán a cambiar impulsadas por la electricidad.

Como el motor de combustión, la idea de una turbina era también bastante vieja. En las paletas de las ruedas de los molinos que giraban impulsadas por el agua tenemos un ancestro, en los molinos de viento se encuentra el otro. Un tercero fue ese curioso híbrido de motor a vapor y paletas que se empleó en los ríos. Pero en lo formal hay una genealogía que se inicia con Poncelet (1788-1867) y luego varios franceses como Burdin, Fourneyron y Jouvet, seguidos por James Francis (1815-1892), que construye una de flujo radial y axial, y que Parsons (1854-1931), que la hace girar con vapor y lanza en 1884 el primer producto comercial. Pero de nuevo es Westinghouse quien las transforma y las produce en serie. Así, para la última década del siglo ya hay centrales hidroeléctricas, quizás la más famosa es la de las cataratas del Niágara. Una década después, en 1907, es lanzado al mar el Lusitania con sus turbinas de 70 mil caballos de fuerza, una potencia dos mil veces mayor a la generada por los molinos de agua.

Los hermanos Lumière, Auguste (1862-1951) y Louis (1864-1948), en Francia (1895), son los padres del cinematógrafo y siembran las bases de lo que será años después la mayor industria del entretenimiento. Paradójicamente, ambos hermanos no le vieron mucho futuro a su invento y se dedicaron a desarrollar la fotografía a color, años después su empresa se fusionó con otra que persistió bajo la denominación de Ilford.

En 1888 Schuyler inventa el ventilador eléctrico y para la misma fecha Sprague aborda simultáneamente ideas como los ascensores y los tranvías. En la última década la iluminación pública se hace realidad y también, gracias a la electricidad, procesos industriales continuos como la producción de aluminio y la fijación de nitrógeno atmosférico para producir fertilizantes. Las grandes ideas exigen, además, pequeñas soluciones, y las primeras máquinas-herramientas portátiles salen al mercado.

Las bases de lo que será años más tarde una de las mayores industrias también emanan durante el siglo XIX. Todo parte de una línea telegráfica experimental diseñada por Ronalds en 1816 y medio siglo después, en 1864, se efectúa el primer tendido de un cable trasatlántico. En el ínterin, Samuel Morse (1736-1819) inventa en 1840 el código o alfabeto telegráfico que lleva su nombre. Pero en 1877 el mundo se encogió de pronto cuando entre dos continentes se logra la primera transmisión de voz gracias a Alejandro Graham Bell (1847-1922). Para muchos esta nueva tecnología parecía un milagro. Los ferrocarriles, vapores, motores o turbinas eran algo tangible, pero las ondas sonoras no se podían ver o tocar y en realidad, hasta los físicos mejor preparados poco sabían sobre este fenómeno.

La publicación de *El origen de las especies* en 1859 constituye un hito importante en la historia universal. Tras un largo viaje de investigación y varios años de análisis, Charles Darwin (1809-1992)llega, casi simultáneamente con Alfred Russell Wallace (1823-1913), a la conclusión de que todas las especies derivan de uno o pocos ancestros y de que el cambio evolutivo es permanente gracias a la selección natural. Esto altera el modo de concebir al mundo y genera un debate, aún vivo, entre sus seguidores y aquellos que se aferran a las ideas creacionistas. Pocos años después, Darwin publica un segundo libro y son los seres humanos el objetivo, esto causa aun mayor revuelo ya que en la mayoría de los textos y tradiciones religiosas, en particular las de Occidente, el hombre es instantáneamente creado por Dios, a su imagen y semejanza.

Que los organismos cambien sobre el tiempo es, desde hace muchos años, una idea aceptada en nuestras sociedades, salvo algunos grupos muy fundamentalistas. Darwin no sólo rompe con esas ideas, sino que estimula a la sociedad científica a mirar el cambio continuo como un evento natural, y así lo harán los geólogos y los biólogos. Luego, físicos y astrónomos, muchos años después, también llegarán a la conclusión de que el universo cambia y si así es el mundo natural, ¿por qué no habrían de cambiar las formas de gobierno o la estructura de las sociedades? De ser así, ¿acaso el hombre no podía también hacer que plantas y animales cambiaran?

El abuelo de Charles Darwin, Erasmo, había escrito sobre el proceso de selección que habían practicado los humanos desde el Neolítico. Partiendo de algunas plantas y animales, distintas sociedades habían desarrollado numerosas razas o variedades. Habían escogido un rasgo conveniente a sus intereses y lo seleccionaron a través de varias generaciones aunque ignoraran las bases genéticas de ese proceso empírico. Los detalles se mantuvieron desconocidos por años a pesar de que Gregorio Mendel (1822-1884) había descubierto lo que luego se denominarían «las leyes de Mendel», esa particular aritmética de la biología en que se sustentará el nacimiento de una nueva ciencia: la genética. Mendel era un monje agustino, originario de Moravia, que en 1865 dio a conocer sus resultados sobre hibridación en plantas, pero los mismos no fueron muy tomados en cuenta hasta comienzos del siglo XX.

Capítulo 12

Objetivo: el hombre

No podemos abandonar el siglo XIX sin hacer referencia a la medicina. Hacia 1830 la vida promedio era corta, en promedio unos treinta años. A esa edad se consideraba a cualquier persona como «madura» y si pasaba los cincuenta, cosa que muy pocos lograban, era visto, y posiblemente sus achaques así lo mostraban, como un anciano. Que existan sexagenarios que corran el maratón, se mantengan intelectualmente activos, jueguen un papel importante en la economía, la política o en la religión, es un evento contemporáneo.

Hacia 1840 la mortalidad de los enfermos era mayor en los hospitales que cuando los dejaban en sus casas. Muchos tratamientos, buena parte de la farmacopea y algunos instrumentos eran similares a los que Vesalio (1514-1564), anatomista flamenco autor del célebre *De humanis corporis fabrica,* le administraba a Carlos V y a Felipe II tres siglos antes y algunos se remontaban a la segunda dinastía de Egipto. La mortalidad por difteria llegaba al 65 por ciento y en los amputados cerca del 50 por ciento, una de cada tres mujeres moría de fiebre puerperal si el parto ocurría en un hospital y cerca del 25 por ciento cuando la atención estaba en manos de una comadrona a domicilio.

La tuberculosis era tan frecuente como las enfermedades venéreas y las carencias vitamínicas determinaban millones de casos de escorbuto, mientras miles de habitantes de los países nórdicos vivían afectados por el raquitismo sufrido en la infancia. Viruela, tosferina, fiebre de Malta, rabia, tétanos y diarreas barrían con la población, amén de las periódicas epidemias de peste y cólera.

La peste bubónica había desolado amplias zonas de Europa en varias oportunidades. Boccaccio (1313-1375) escribe *El Decamerón*, una serie de cuentos que se relatan como entretenimiento entre un grupo de personas que huyen de las ciudades y se refugian en el campo para evitar el fatal contagio. La peste azotó a Roma en su decadencia y varias epidemias fueron registradas en Europa; en algunos sitios y fechas murió más del 30 por ciento de la población. En el trópico, enfermedades como la malaria, la leishmaniasis, diversas tripanosomiasis como la enfermedad de Chagas y la del sueño, se sumaban a enfermedades virales como la fiebre amarilla y diversas parasitosis. El tifus se expresaba con violencia en los barrios pobres y entre los soldados.

Hacia 1835, Bassi (1773-1856) encontró que un hongo era el responsable de la muscardiasis, una enfermedad del gusano de seda. Schönlein descubre poco después que otro hongo causa las frecuentes tiñas que afectaban a los humanos. Patrick Manson (1844-1922), un médico inglés del servicio colonial, ofrece en 1877 la primera prueba de que algunos insectos, como los mosquitos, transmiten enfermedades; y luego en América, Nott en los Estados Unidos y Beauperthuy en Venezuela preceden a Carlos Finlay que, en Cuba, demuestra que la fiebre amarilla es transmitida por un mosquito, *Aedes aegypti*.

Así, mientras un grupo humano importante desarrollaban técnicas en torno a los metales, los procesos químicos y la energía, otro, no menos valioso en la construcción de las sociedades modernas, tenía como objetivo la salud de la población. El siglo XIX resulta ser tan rico en el primer enfoque como en el segundo. Louis Pasteur (1822-1895) liquida el viejo concepto de la generación espontánea a través de sus estudios sobre microorganismos y, además, al desarrollar en 1881 una vacuna contra el carbunclo y en 1884 otra contra la rabia, abre las puertas a miles de nuevos descubrimientos y técnicas que aliviarán a buena parte de la humanidad del peso de enfermedades seculares. Además, el nombre de Pasteur pasará a la posteridad en el proceso de pasteurización, es decir, la eliminación de bacterias mediante la aplicación alterna de elevadas temperaturas y enfriamiento de líquidos como la leche.

A Pasteur lo acompañan otros personajes que colocan las bases de la biología y la medicina moderna. Robert Koch (1843-1910) descubre la bacteria responsable de la tuberculosis y en 1882 la del cólera. Petri, uno de sus discípulos, desarrolla técnicas para cultivar las bacterias en el laboratorio y así estudiar mejor estos pequeños asesinos. Shibasaburo Kitasato (1853-1931) y Alexandre Yersin (1863-1943) descubren en 1894, en forma simultánea pero independiente, la bacteria responsable de la peste. Yersin, además, terminó viviendo en Hanoi, donde fundó un instituto agrícola con el propósito de crear plantaciones de caucho y del árbol de la quina, o cinchona.

Los alemanes Neisser (1855-1922), quien en 1879 descubre al agente causal de la gonorrea; Eberth, en 1880, al de la tifoidea; Klebs (1834-1913), en 1883, al de la difteria; Frenkel, en 1886, al de la neumonía; Weichselbaum, en 1887, al de la meningitis, y Gaertner (1848-1934), en 1888, al de la salmonelosis. Todos ellos precedidos por las investigaciones de Hansen (1841-1912), médico y bacteriólogo noruego que ya en 1864 había asegurado que la lepra era causada por una bacteria. Al comenzar el nuevo siglo Leishman (1901) descubre al protozoario responsable por la enfermedad que lleva su nombre y Ronald Ross (1857-1932), hijo de un general británico nacido en la India, desentraña el ciclo del parásito causante de la malaria en 1897 y por ello recibe el premio Nobel en 1902.

En 1794, Edward Jenner (1749-1823), médico y cirujano inglés, había inoculado a un niño de ocho años con material procedente de las pústulas de una granjera que había adquirido la enfermedad procedente de una vaca. El niño mostró cierto malestar y luego fue inoculado una y otra vez hasta mostrar que había adquirido resistencia a la enfermedad. Sin saber mucho sobre el agente causal, un virus, Jenner abrió las puertas al proceso de vacunación, tan extendido en la actualidad. Más aún, a lo largo del siglo XIX se efectuaron las primeras «vacunaciones masivas» empleando como vehículo para extraer e inyectar suero a niños que habían sufrido previamente la enfermedad. En el siglo XX se desarrolló formalmente la vacuna, con tal éxito que el último caso conocido se registró en Somalia en 1977 y es, hasta la fecha, la única enfermedad transmisible que formalmente figura como erradicada. El caso de Jenner también ilustra cómo en el pasado fue posible contar con una tecnología efectiva sin conocer las bases científicas y cómo uno de los grandes cambios del siglo XIX fue precisamente la aproximación e interdependencia entre la ciencia y la tecnología.

Estos descubrimientos, que no sólo incluyen el descubrimiento de la bacteria, el protozoario o el hongo responsable por la enfermedad, sino también su ciclo biológico —a veces muy complejo— y los modos de transmisión, así como su cultivo en condiciones experimentales, abrieron el espacio requerido para el desarrollo tanto de fármacos como de vacunas.

Valga aquí una reflexión personal. Buena parte del camino que he recorrido en mi vida fue inducido por la lectura en mi adolescencia del fantástico libro del escritor y bacteriólogo Paul de Kruif (1890-1971), *Cazadores de microbios*, y una de mis mayores emociones fue el llegar al Ross Institute of Tropical Medicine & Higiene durante un año sabático y ver los cuadros y esculturas de Ross, Manson, Leishman, Bruce y muchos otros pioneros de la medicina tropical, así como conocer personalmente al ya centenario Sir Rickard Christophers (1873-1978), seguidor de Ross, en el estudio de la epidemiología de la malaria y de la fiebre amarilla en una larga trayectoria que incluyó el vivir en la India y efectuar investigaciones en la Amazonia y África.

No había sido casual que tantos ingleses se ocuparan de las enfermedades tropicales. El Imperio británico había alcanzado en el siglo XIX su máxima extensión, incluyendo a la India, con los actuales Pakistán y Bangladesh, varias zonas de África, Hong Kong, Australia y Nueva Zelanda, amén de la Guayana Británica y muchas islas del Caribe. Francia, Alemania, Holanda y Bélgica también tenían intereses o colonias en África, Asia y América, de allí que no sorprende que en Londres, París y Hamburgo se desarrollaran los más importantes centros de estudio sobre las enfermedades tropicales.

La medicina del siglo XIX incluye también la introducción, hacia 1867, de las primeras técnicas de asepsia en los hospitales, como el lavado de las manos y el empleo de ropa distinta a la que el cirujano traía de la calle, así como ácido fénico para desinfectar los instrumentos. En efecto, cirujanos, enfermeras y otros asistentes eran con frecuencia vehículos de las bacterias que infectaban a las personas sometidas a algún tipo de cirugía. El responsable de este enorme cambio fue Joseph Lister (1827-1921), cuyo nombre se perpetúa en un enjuague bucal muy popular. Humphrey Davy (1778-1829), electroquímico inglés, efectúa en 1799 las primeras pruebas en el uso de anestésicos con gas hilarante (óxido nitroso), seguido por Clarke y Long que en 1842 emplean el éter sulfúrico, punto de partida de esa reducción de dolor que fatalmente acompañaba a cualquier técnica quirúrgica desde la antigüedad.

Los instrumentos de acero inoxidable, el catgut para las suturas y los guantes de goma son innovaciones que aparecen en los últimos veinticinco años del siglo XIX. El resultado de las técnicas de asepsia y el nuevo instrumental significaron una reducción del cuarenta al quince por ciento en la mortalidad posoperatoria en algunos hospitales europeos. Semmelweis (1818-1865) estableció la práctica rigurosa del lavado de manos y ropa limpia durante la atención de los partos y tan simple norma determinó una reducción del treinta por ciento al uno por ciento la mortalidad de las madres por fiebre puerperal. Poco después se emplea la cocaína subcutánea como anestésico (Köler en 1884) y la raquianestesia (Corning en 1885). El hidrato de cloral fue utilizado por primera vez en 1874, lo que abrió la ruta para el desarrollo de otros analgésicos, barbitúricos y anestésicos.

Hacia la última década del siglo ocurre entonces un cambio significativo en la práctica médica. Cirugía sin dolor y reducción de los riesgos de infección, instrumentos mejor diseñados y construidos con materiales más adecuados. Los talleres industriales comienzan a responder a las demandas médicas y quizás el mejor ejemplo es como Nasmyth en 1828 diseña un taladro dental en acero. Sin embargo, el siglo termina sin grandes avances en la farmacología y será indispensable que primero avancen las investigaciones básicas en química, bioquímica y fisiología, antes de que se desarrollen fármacos más eficientes en el siglo XX. Tanto es así que Singer, en su historia de la medicina, señala que para 1914 entre los 140 productos recomendados en el libro de cabecera de los médicos, *British pharmacopea*, un tercio había sido empleado desde la antigüedad clásica y durante la Edad Media, otro tercio había surgido entre 1492 y fines del siglo XVII y el tercio restante en los siglos XVIII y XIX. Hacia 1940, noventa de esos 140 fármacos fueron desechados al demostrarse su absoluta inutilidad.

Al concluir el siglo XIX es evidente como la Revolución industrial ha remodelado a las sociedades en las que ésta ocurrió. La generación y redistribución de la riqueza va acompañada de un mayor respeto hacia los derechos humanos, así como un incremento importante en la población con cierto nivel educativo. Nuevas organizaciones como los sindicatos defienden los derechos de los trabajadores y corporaciones que hacen continuamente innovaciones en el campo financiero, gerencial y del mercadeo. La información fluye con más rapidez gracias a los periódicos y la comunicación a través del telégrafo y el teléfono; la gente vive más años y la población comienza a crecer con rapidez. Las ciudades crecen en dimensión y número de habitantes y con ella la demanda de mejores servicios, una nueva arquitectura y medios públicos de transporte. El conocimiento general sobre los aspectos físicos y biológicos del planeta ha aumentado considerablemente y aunque permanecerán vivos hasta nuestros días, mitos y supersticiones ceden su espacio a los resultados experimentales y a los descubrimientos.

Kurd Lasswitz (1848-1910), escritor alemán de obras de ficción científica y filósofo, intentaba sintetizar el espíritu del siglo XIX señalando: «Lo que distingue a la humanidad moderna [...] es la concepción del poder del hombre sobre la naturaleza, el convencimiento de la posibilidad de entender teóricamente y controlar técnicamente a la naturaleza».

Es obvio que Lasswitz se refería a Europa, al norte de los Estados Unidos y quizás a Japón, que también se industrializaba, ya que para el fin de siglo aún amplias zonas de América, África y Asia se encontraban viviendo al margen de la revolución industrial y de los cambios sociales a que ésta inducía. También es necesario apuntar que el progreso tecnológico del siglo XIX estaba dotando a muchos países no sólo con un gran potencial para construir cosas nuevas, sino también con la capacidad de destruir en forma masiva. No sólo a otros pueblos o seres humanos, sino también a esa naturaleza que debía ser técnicamente controlada. La ecología y la meteorología no estaban lo suficientemente desarrolladas para encender luces de alerta sobre el impacto negativo que podía tener el cambio técnico que se perfilaba.

Capítulo 13

Inventiva sin límite

La experiencia familiar de la clase media en el mundo contemporáneo con frecuencia incluye que el abuelo haya presenciado el encendido del primer bombillo eléctrico, haya viajado en un tranvía y se enteró unos meses después de que los hermanos Wright habían construido una máquina voladora. El padre, nacido a comienzos del siglo XX, se encontraba entre los primeros que volaron en un avión comercial, condujeron un automóvil, escucharon noticias primero a través de la radio y ya en su madurez se habituaron a la televisión, peculiar aparato que sin duda nos impactó cuando hacia los doce años descubrimos su existencia. Mi nieto de ocho años maneja una computadora, sabe tanto o más sobre dinosaurios o supernovas que un paleontólogo o un astrónomo contemporáneo de mi abuelo y además tiene la aspiración de poseer un teléfono celular dotado con cámara fotográfica y video. DVD, MP3, satélites y transbordadores son términos tan normales en su lenguaje como Nintendo o iPod, aunque no haya leído aún ningún libro de mediana profundidad.

¿Cuál fue la tecnología más importante desarrollada en el siglo XX? Sin duda es una pregunta difícil y habrá tantas respuestas como diversos son los intereses de la persona que intente responderla. Para quienes aún fueron testigos de la muerte prematura de miles y miles de personas, la respuesta obvia será la penicilina y la batería de vacunas que en la actualidad son rutinariamente aplicadas a millones de niños en casi todos los países del mundo. Quizás para los que nacieron en la segunda mitad del siglo XX, las distintas formas de obtener información o transmitirla en forma instantánea, como Internet, lo que involucra varias docenas de inventos complementarios, serán la respuesta. Sin embargo, para millones de seres humanos esas tecnologías o no están a su alcance o ignoran aún su existencia. Otros pensarán que los viajes espaciales, los observatorios extraterrestres, los aviones a propulsión o las computadoras personales deberían estar en la lista de las respuestas posibles.

Si la respuesta está basada en el número de usuarios, entonces televisores, radios y equipos de sonido, teléfonos, relojes electrónicos, refrigeradoras, cocinas a gas o sistemas de transporte masivo como los subterráneos o los grandes autobuses también deberían ser considerados. Pero la medicina actual también está sustentada en nuevas tecnologías que salvan la vida de muchas personas, como los rayos X, la resonancia magnética, la cirugía mediante rayos láser o el transplantes de órganos. No faltará quien piense en la importancia de la ingeniería genética en la producción de nuevas variedades, híbridos o plantas genéticamente modificadas que, junto a otras tecnologías de producción, han dejado atrás las pavorosas hambrunas que, hasta unos cincuenta años atrás, eran frecuentes en los países más pobres.

Sin duda en el siglo XX la inventiva alcanza tal grado que resulta muy difícil seguir la pista de cada nuevo invento o mejora en los preexistentes. A veces nos enteramos de ellos a través del nuevo artefacto que ya está a la venta y que probablemente utilizaremos sin entender qué novedad, y mucho menos cuánto esfuerzo intelectual, se encuentra detrás del mismo.

El siglo XX es también innovador en organizaciones, política, derechos humanos y, en general, en aquello que en la actualidad denominamos «desarrollo social». Para comenzar, ocurrieron profundos cambios en la geografía política del mundo: desapareció en Imperio austro-húngaro y el otomano, las colonias europeas en África y Asia se transformaron en países independientes, así como en el Medio Oriente. En los Balcanes la integración y desintegración hizo desaparecer naciones durante un lapso y luego surgen nuevos países, algunos ya existentes en el siglo XIX. La Alemania nazi y la Unión Soviética, que bien pudiesen haber recibido la designación del imperios, se disuelven y, con algunas excepciones, esa enorme extensión territorial, así como los países que giraron en sus respectivas órbitas, cambian de modelo socioeconómico y en su mayoría se integran, o están en proceso de hacerlo, a la Unión Europea. También adquieren independencia la India, Australia, Canadá y la casi totalidad de las islas del Caribe que eran colonias británicas, francesas u holandesas.

Las guerras mundiales causaron más muertes que cualquier otra conflagración del pasado. Esto ocurrió no sólo por el elevado número de países participantes y de soldados combatientes, sino además por el empleo de tecnologías bélicas distintas. En la Primera Guerra Mundial (1914-1918) se utilizaron por primera vez los aviones, los vehículos blindados y los submarinos, a pesar de que buena parte de los generales que dirigieron las batallas eran hombres relativamente viejos y conservadores que no deseaban innovar demasiado.

Entre una y otra guerra existe un oasis para la creatividad y desarrollo económico. En esos años ocurre una gran expansión del comercio, hasta que en 1929 buena parte del mundo occidental sufre una severa crisis económica. En lo político, la percepción de la necesidad de mecanismos internacionales para impedir los conflictos concluyó en las Conferencias de La Haya en 1899 y 1907, que no pudieron impedir las guerras que luego se gestaron. Gran Bretaña consolidó un imperio marítimo distinto a los preexistentes, Francia e Italia realizaban incursiones en África tratando de expandir sus respectivos imperios coloniales y Alemania, que había llegado tarde al reparto del mundo, buscaba también nuevos mercados y áreas de expansión.

Por otra parte, los Estados Unidos de Norteamérica no se habían quedado atrás. Tras adquirir Alaska formaliza su dominio sobre Hawai y Samoa, y después de la guerra hispanoamericana termina controlando Puerto Rico y Las Filipinas. Los Estados Unidos ratifica la Doctrina Monroe y hace explícito, frente a los europeos, que el continente americano será parte de sus mercados en expansión.

En lo que a sistemas políticos se refiere, hay grandes contrastes. En los Estados Unidos, Francia e Inglaterra hay un movimiento sólido hacia la democracia con sistemas bipartidistas, división de poderes y fortalecimiento de los derechos individuales. Pero en Alemania, lo que queda del decadente Imperio austro-húngaro, Rusia y Turquía, el absolutismo cobra fuerza. Por ejemplo, en Alemania, bajo Guillermo II, se logra un importante desarrollo industrial con grandes inversiones en educación, investigación y desarrollo tecnológico. Para 1913 está a la cabeza del mundo en industria pesada, fabricación de máquinas-herramientas y armamentos, pero bajo una filosofía autocrática, profundamente nacionalista y racista, que tras un breve lapso democrático será explotada por Hitler a partir de 1933.

La Primera Guerra Mundial tiene como pretexto el asesinato del archiduque Francisco Fernando, heredero del trono austro-húngaro. Cuatro años y tres meses después, ocho millones de combatientes y veinticinco millones de civiles habían muerto y la economía de media Europa se encontraba destruida. En 1916 el Zar fue derrocado, Rusia se retiró de la guerra y en 1917 los comunistas toman el poder. En 1915 los alemanes hundieron al Lusitania y los Estados Unidos entraron en la guerra. Entre otras cosas, la destrucción de la economía europea determinó una intensa fuga de talento cuyo único beneficiario fue los Estados Unidos, que ya entre 1890 y 1910 se había abierto a la inmigración europea.

Desde 1880, la industria norteamericana, se desarrollaba con una clara visión de la importancia de la tecnología. Esta industria, impulsada por la política exterior, no estaba siendo diseñada exclusivamente para el mercado local. Los nombres de Westinghouse, DuPont, Edison, Ford, Goodyear, United Fruit y otros fueron sinónimos de novedad tecnológica y nuevos procesos de fabricación. Principios como la fabricación en serie y el consumo masivo los ubican como grandes motores de la economía y la generación de millones de empleos. Por ejemplo la idea aristocrática Europa que veía al automóvil como un simple sucesor de los elegantes carruajes del siglo XIX, son barridos por la idea del vehículo popular de bajo costo y mantenimiento simple, producido no sólo para el mercado local sino también para la exportación. Olds y Kettering (1876-1958) introducen entre 1905 y 1912 cambios técnicos que le permitirán a Ford diseñar las líneas de producción masiva.

En esos mismos años el motor de explosión comienza a ser utilizado en aviones y lanchas rápidas. Numerosas innovaciones resuelven problemas de sustentación, tensiones, relaciones peso-potencia, enriqueciendo las ideas de los hermanos Wright, Lilienthal, Santos Dumont (1873-1932) —el brasileño que diseñó y construyó el primer globo dirigible—, Hugo Junkers (1859-1935), Rolls (1877-1910) y otros colocan las bases de una nueva industria. En 1909 Blériot cruza el Canal de la Mancha y se abre un nuevo mundo para el transporte.

Para 1918 los aviones y los automóviles ya no son novedades, 300 mil vehículos terrestres incluyendo 50 mil autobuses circulan en Inglaterra. La motocicleta se populariza como medio de transporte para la clase media y de diversión para los ricos. Los nuevos vehículos demandan mejores calles y carreteras, combustibles, lubricantes, partes y piezas mecánicas, sistemas eléctricos, láminas para las carrocerías y nuevos materiales para el acabado interior. En 1914 en los Estados Unidos circulan 2 millones de vehículos de 120 marcas distintas, no sólo gracias a las ideas de Ford, sino a inventos como los de Bendix (1992-1945) y Kettering, que hacen común hacia 1911 el encendido automático. Mujeres y ancianos podían ahora conducir un automóvil.

Ya para 1920 se estaban produciendo más de 3 millones de automóviles por año y se había desarrollado una impresionante industria subsidiaria que a su vez se sustentaba en una enorme cantidad de nuevos inventos. Dicha industria debía producir, a la misma o mayor velocidad con la que se ensamblaban automóviles, bujías, neumáticos, vidrios, faros, volantes, tapicerías, cables y las docenas de otras partes que a su vez harían evolucionar al automóvil.

La nueva forma de transporte cambia los hábitos de la sociedad, ahora millones de personas se mueven con una nueva libertad y ésta determina la necesidad de estaciones de servicio, una red de distribución de combustible, sitios para comer y dormir, talleres mecánicos, conductores de transporte comerciales. Los nuevos edificios, casas y centros comerciales deben prever espacio para los automóviles, las ciudades deben mejorar sus calles y avenidas, los semáforos se hacen comunes, amén de nuevas leyes, seguros y naturalmente accidentes en número creciente.

La aviación se desarrolla también con rapidez, primero sólo militar, luego será el correo y muy poco después el transporte comercial de pasajeros y mercancías. En la actualidad se registran más de mil millones de pasajeros por año y existen cientos de aerolíneas amén de cientos de miles de aviones privados.

En abierto contraste con Europa, los Estados Unidos no desarrollan una gran organización estadal de ciencia y tecnología. Con elementos que tienen su origen en la educación liberal británica, la actividad científica se efectúa en las universidades y el desarrollo tecnológico principalmente dentro de las industrias. En Francia y Alemania el Estado trata de hacer lo mismo a través de instituciones propias, y en ambos casos los gobiernos centrales subsidian con intensidad los procesos de innovación. En los Estados Unidos, hasta el día de hoy, el Gobierno entiende que el modo más eficiente de estimular tanto la ciencia como la tecnología es a través de grandes proyectos de inversión. Ejemplo de lo anterior han sido la Autarquía del Tennessee, el proyecto Manhattan, que concluyó con la bomba atómica, la conquista del espacio exterior con la Nasa como ejecutor, y otros. Cada uno de ellos estimuló tanto la búsqueda de nuevos conocimientos teóricos como la formación de equipos de investigadores y tecnólogos conformados para resolver uno o más problemas específicos.

Además de estas importantes inversiones, surgen leyes antimonopolio y bajo los principios del liberalismo económico las empresas deben sobrevivir incrementando su productividad que, en última instancia, sólo será posible a través de la innovación. Ejemplo de lo anterior, y limitados por el espacio, citaremos sólo algunos:

en 1902 Carrier inventa el aire acondicionado; en 1905 Rubel crea el sistema *offset* de impresión; Holt, en 1906, el primer tractor de oruga; en ese mismo año DeForest concibe la válvula electrónica al vacío; en 1909, Evinrude desarrolla el motor fuera de borda y Coolidge el filamento de tungsteno para las lámparas; en 1911, Kettering inventa el motor de arranque automático, Curtiss el hidroplano y Sperry la brújula giroscópica.

La avalancha de inventos y proposiciones es incesante. En 1920, Goddart experimenta con nuevos combustibles y cohetes; en 1923, un ruso nacionalizado norteamericano, Zworykin (1889-1982), fabrica el primer televisor; Schick, en 1931, la máquina de afeitar eléctrica; O'Neil, en 1927, la grabación en cinta; Bush, en 1931, la computadora analógica, y Aiken en 1944, la digital. Al mismo tiempo, la física atómica avanza rápidamente: Anderson descubre los neutrones y en Inglaterra Chadwick descubre los positrones; Lawrence construye en 1930 el primer ciclotrón y, tras lograr la fisión controlada, el italiano Enrico Fermi (1901-1954), que había recibido el premio Nobel en 1938, se traslada a los Estados Unidos para unirse al formidable equipo que incluye a Albert Einstein (1979-1955), nacido en Alemania, y Robert Oppenheimer (1904-1967), el famoso físico norteamericano. Con ellos se inicia el dominio de la energía atómica al fusionarse la teoría con la técnica.

Entre 1900 y 1901 son redescubiertos los trabajos de Mendel y entendidas sus ahora famosas «leyes», postuladas en 1866. Agricultores y ganaderos habían preservado la tradición empírica en las técnicas de mejoramiento genético logrando avances en la productividad, pero sin entender las bases científicas de esos procesos. Entre 1910 y 1935 la genética teórica y experimental se desarrolla con vigor gracias a las contribuciones de Thomas Hunt Morgan (1866-1945), premio Nobel en 1933, por sus descubrimientos sobre el papel de los cromosomas en la herencia, y las contribuciones de Sturdevant, Müller (1890-1967, también premio Nobel por sus descubrimientos sobre las mutaciones), Bridges, Sewall-Wright, Janssens y Fisher, así como a los discípulos rusos de Vavilov (1887-1943), quien murió en prisión luego de ser postergada su ejecución posiblemente por la guerra, y Chetverikov (1880-1959), quien pasó largos años en reclusión, ambos víctimas de esa suerte de inquisición del siglo XX dirigida por Lysenko y Stalin.

Otros como Dobzhansky (1900-1975), amigo personal y frecuente visitante de Venezuela, donde realizaba investigaciones sobre *Drosophila,* y Timofeeff-Ressovsky (1900-1981) lograron migrar hacia los Estados Unidos y con Dubinin, Serebrosky y Lerner contribuyen, junto con Barbara McClintock (1902-1992) —premio Nobel 1983 por sus investigaciones en la citogenética del maíz— y otros, a establecer los mecanismos fundamentales de la herencia, base de la gran revolución agrícola, con sus nuevos híbridos y variedades, ancestros de la ingeniería genética actual.

Pero todas estas innovaciones no están contribuyendo a la estabilidad política mundial. Con la recesión económica de 1929, las hambrunas en la Unión Soviética, el fracaso del intento democrático en China, el mal manejo de la política europea después del Tratado de Versalles, además del persistente irrespeto hacia la voluntad popular y los derechos de las minorías, existía una insatisfacción colectiva por inflación, escasez de viviendas y desempleo.

Esta situación, sumada a las impagables reparaciones de guerra impuestas a Alemania, la pérdida del Sarre y las minas del Ruhr, pavimentó el camino hacia la Segunda Guerra Mundial (1938-1945). En la periferia de Europa también ocurren otros eventos importantes. En el norte de África y en el Medio Oriente se registra la emergencia del nacionalismo árabe, ya libre del Imperio otomano, pero no de las apetencias coloniales de Inglaterra, Francia, España, Italia y Alemania. En la Península Ibérica se establecen las dictaduras de Franco y Salazar, en Italia triunfa el movimiento fascista que lleva a Mussolini al poder. Tras el fracaso del gobierno de democrático de Sun Yat-Sen, China, vive una guerra civil que, interrumpida por la invasión y la guerra con Japón, concluirá con el triunfo de Mao Tse-Tung en 1946.

En 1938 Alemania se apodera de Austria y menos de un año después invade Checoslovaquia. Buena parte de los eventos de la Segunda Guerra Mundial son lo suficientemente conocidos por las generaciones más recientes, para que obviemos los detalles. Cuando la guerra concluye, en 1945, la destrucción de la economía europea es casi total. Japón recibe el impacto de dos bombas atómicas y las víctimas de siete años de guerra se cuentan por decenas de millones. De nuevo el gran beneficiario es los Estados Unidos de América, primero porque la guerra no alcanzó su territorio, luego porque recibió antes, durante y después de ella un enorme flujo de talento europeo y finalmente porque su industria, animada por la guerra misma, se fortaleció en tamaño, capacidad de producción y muchas nuevas tecnologías.

Ya para 1938, miles de científicos y tecnólogos, en Europa Occidental, Japón, la Unión Soviética y los Estados Unidos, estaban al servicio de la industria bélica. Antes y durante la Segunda Guerra Mundial surgen nuevos aviones de combate, submarinos, camiones de creciente potencia y alcance, granadas y minas, morteros, lanzallamas, ametralladoras y rifles automáticos. Además, acorazados, portaaviones, radares, decodificadores, radios de gran alcance, pilotos automáticos, helicópteros monomotores (Sikorsky, 1939) y prototipos de aviones a reacción (Heikel, 1939),

La guerra es un gran estímulo para el crecimiento de nuevas industrias, entre ellas destacan las basadas en el uso de nuevos materiales como el aluminio y las fibras sintéticas. También reciben estímulo y efectúan innovaciones aquellas vinculadas a las telecomunicaciones, combustibles, caucho sintético, las basadas en las raciones balanceadas y alimentos enlatados, así como la industria química en general. El punto culminante de la Segunda Guerra Mundial fue el dominio tecnológico sobre la energía atómica, que se expresa en las dos bombas lanzadas sobre Hiroshima y Nagasaki en 1945. Dos años después la tecnología es dominada también por Inglaterra y la Unión Soviética.

A partir de 1947 se inicia la carrera armamentista más intensa de la historia universal. Un esfuerzo económico y humano, que incluyendo a la carrera espacial, orientó buena parte del desarrollo científico y tecnológico hasta 1989.

Si bien es cierto que el progreso económico sostenido suele mantenerse mediante la llamada *inversión autónoma*, es decir, aquella que crea su propia demanda, podemos pensar en modos distintos a la guerra, que es moralmente repugnante, como inductores. Entre ellos las nuevas técnicas de producción, el desarrollo de nuevos productos que generan nuevos mercados, el incremento de la población y la explotación de nuevos recursos naturales.

Como nadie puede defender que las guerras o el crecimiento ilimitado de la población sean opciones éticamente aceptables, sólo restan tres vías civilizadas y moralmente aceptables. Las tres dependen de la aplicación positiva del conocimiento científico y tecnológico: nuevos procesos, nuevos recursos y nuevos productos. Pero para que quede satisfecha nuestra idea de progreso, estas vías deben ser transitadas por sociedades libres con sistemas políticos que garanticen los derechos humanos y la paz entre las naciones.

Capítulo 14

La antesala del futuro

Aunque buena parte de la segunda mitad del siglo XX se encuentra marcada por la «guerra fría» —la amenaza permanente de una tercera y aún más destructiva guerra mundial—, ocurren innovaciones que cambiarán, para bien, la calidad de la vida de millones de personas. En el pasado no había un futuro como el que ahora imaginamos. Así, el habitante común y corriente de la Edad Media miraba al futuro y lo veía como una mezcla de incertidumbre y la probabilidad de una existencia más amable sólo en la otra vida. Alcanzar la edad madura o, rara vez, la vejez, sólo significaba aumentar el sufrimiento.

La conciencia de que el futuro era modelable estaba ausente en un mundo donde las cosas cambiaban poco entre una generación y otra. En la magia y en la religión se hacía descansar cualquier evento por venir. Hoy, y ésta esa la principal herencia de los últimos dos siglos, no sólo poseemos una mayor conciencia histórica, sino que podemos imaginar mil futuros distintos de acuerdo con las decisiones que se tomen en el presente. En efecto, «el hecho tecnológico», la capacidad de organizar nuestros conocimientos y transformarlos en técnicas que cambian nuestro entorno, así como la capacidad para dominar materia y energía, y hasta la posibilidad de influir sobre nuestra propia evolución, se encuentra entre lo posible.

Ha transcurrido más de medio siglo desde el fin de la Segunda Guerra Mundial. Más de cincuenta años sin un gran conflicto, a pesar de numerosas conflagraciones regionales y locales. Vivimos un equilibrio inestable, pero equilibrio al fin. Quizás el dominio sobre la energía atómica creó la conciencia que un conflicto global significaría el fin de la vida sobre el planeta. Ese temor no limita los conflictos ideológicos, religiosos o económicos, que siguen cobrando víctimas en todos los continentes, incluyendo dos innovaciones sociales de fines del siglo XX: el terrorismo sistemático y el narcotráfico.

Las relaciones internacionales se hacen muy dinámicas y con frecuencia también muy pragmáticas. El fin de la Segunda Guerra Mundial se caracteriza por la creación de las Naciones Unidas y muchos otros organismos internacionales o multinacionales. La lista es larga y entre otros podemos citar organizaciones existentes unas exitosas, otras menos como la Otan, la OEA, el Pacto de Varsovia, la Opep, el Banco Mundial, la Liga Árabe, la Unión Europea, el WWF, la OIC y las organizaciones económicas regionales de América, África y Asia. También existen acuerdos internacionales sobre la Antártica, el Mediterráneo, los mares, el ambiente, la emisión de gases y sustancias tóxicas. No faltan tampoco convenios y organizaciones universales sobre las telecomunicaciones, la aviación, los alimentos, la salud, el trabajo, el transporte de sustancias tóxicas, los refugiados, los organismos en riesgo de extinción y los derechos humanos.

Muchos cambios en las relaciones internacionales son producto y a veces inductores de nuevos cambios económicos y tecnológicos. Esto parece razonablemente claro para los países industrializados donde ciencia, tecnología e información significan poder y desarrollo económico; pero el mundo sigue siendo heterogéneo y a la par de esos países existen otros donde las cosas no andan tan bien. En América Latina, África y Asia persisten caudillos y gobiernos autocráticos con sociedades con la miseria como norma y pugnas tribales que marcan el rumbo. Espantosos genocidios, violación de los derechos fundamentales y otras desgracias aún son frecuentes en los países menos desarrollados. Aun así, avanzamos hacia la democratización del conocimiento, una semilla que germina con lentitud en las sociedades pobres pero se esparce gradualmente sobre todo el planeta.

Por ejemplo, en las décadas de 1950 y 1960 surgieron en buen número de los países los consejos nacionales y los ministerios de ciencia y tecnología. También es cierto que la mayoría de estas instituciones no recibieron los recursos o el apoyo político requerido, y también no es menos cierto que sus economías, casi siempre dirigidas hacia adentro, tampoco indujeron a grandes cambios en la tecnología. Sin embargo, tanto en África como en Asia y América Latina, la educación, que antes de la Segunda Guerra Mundial era un privilegio limitado a los muy ricos, hoy es un derecho que logra ejercer una proporción creciente de la población. A la par, la dependencia de los países desarrollados sigue siendo elevada, pero al mismo tiempo se generan interdependencias, como el hecho de que en algunos países industrializados más del cincuenta por ciento de los estudiantes graduados proceden de los países en vías de desarrollo, así como una elevada proporción de sus obreros y agricultores.

La segunda mitad del siglo XX y lo que va del XXI, son testigos de la globalización, es decir, ese interesante proceso de interdependencia, libre comercio, flujo de información e impacto de unas culturas sobre otras. Contrario a los exacerbados nacionalismos del pasado, la globalización nos hace compartir elementos de otras culturas, como su forma de vestir, comer, sus expresiones musicales y la diversidad de modos de vida existentes en el planeta. Quizás esto nos haga ser, como un todo, más tolerantes y más sabios.

Frente a la globalización surgen expresiones nacionalistas o en defensa de valores y tradiciones locales. Encontrar un equilibrio entre ambas tendencias es uno de los retos actuales. Los tratados de libre comercio, y en general la globalización, determinan flujos crecientes de tecnología y dispersión de sus beneficios (Schiff y Wang, 2003), pero no necesariamente una reducción en las asimetrías sociales, aunque los trabajadores con mayores conocimientos sí ven sus ingresos mejorados (López Acevedo, 2002). En todo caso, el balance en términos de desarrollo tecnológico y sus implicaciones sociales está aún bajo análisis en muchos países, aunque la evidencia muestra más aspectos positivos que negativos.

De modo arbitrario podemos ubicar el nacimiento de una nueva era en 1948, cuando los laboratorios de Bell se desarrollan el transistor. Con la misma arbitrariedad podríamos ubicar en Alexander Fleming y la penicilina el inicio de ese nuevo ciclo. Así, en los quince años que van de 1945 a 1959, los productos con incrementos interanuales de treinta por ciento o más en las ventas son los transistores, antibióticos, receptores de televisión, plásticos y resinas que no existían antes de la Segunda Guerra Mundial. Incrementos interanuales del veinte por ciento o más se registran en plaguicidas como el DDT, polietileno, nailon, rayón, helio, argón, sulfato de amonio, fertilizantes, tractores, vitaminas cafeteras, cocinas eléctricas, secadores de cabello, grabadoras, detergentes, aparatos de aire acondicionado y caucho sintético.

Después de 1960 surgen nuevas fibras sintéticas, plásticos diseñados para los usos más diversos, nuevos fármacos, vacunas, computadoras, equipos de telecomunicaciones, *software* y un asombroso número de nuevos componentes electrónicos.

En 1985, Carlota Pérez señalaba que la industria electrónica después de 1982 tenía un crecimiento interanual del 14,8 por ciento, mientras que el producto territorial bruto sólo se incrementaba 2,5 por ciento. Nuevas industrias con características muy distintas a las enormes plantas productoras de locomotoras o planchas metálicas, en las que el enorme uso de energía y las grandes máquinas-herramientas son sustituidas por microcomponentes que deben ser ensamblados en un ambiente libre de polvo y por operarios muy calificados. Nace lo que algunos denominaron la *era* de Bill Gates, hasta hace poco el hombre más rico del mundo, cuya fortuna, a diferencia de la de otros, derivó de la popularización de las computadoras personales.

En la segunda mitad del siglo XX el número de patentes registradas por año se incrementa en forma notable. Se cuentan en centenares de miles las innovaciones propuestas y aun cuando una elevada fracción de ellas nunca se transforma en un producto comercial, o lo hace años después de efectuado el registro, lo importante es que cesa la era del inventor aislado para darle paso a la innovación como hecho colectivo y social. Nacen los equipos de investigación y desarrollo, unos al amparo de propuestas gubernamentales, como ocurrió con el Proyecto Manhattan, otros como necesidad sentida en el seno de grandes corporaciones que crean sus propios laboratorios y talleres destinados a mejorar productos o crear nuevos y así mantener su posición en un mercado competitivo.

Es posible distinguir varias rutas importantes en esta nueva etapa, aunque de hecho existen innovaciones en prácticamente todas las actividades humanas. Algunas cifras de comienzos del siglo XXI pueden ilustrar tanto la magnitud de las fuentes de nuevos conocimientos como el impacto global de algunas tecnologías.

Por ejemplo, la suma de estudiantes universitarios en los diez países del mundo que poseen el mayor número de ellos (Estados Unidos, India, Rusia, Japón, Brasil, China, Indonesia, Francia, Italia y Filipinas) supera 40 millones. Asimismo los diez países con más universidades (India, Estados Unidos, Argentina, México, China, Japón, Francia, España, Indonesia y Bangladesh) suman 24.469 instituciones de este tipo. Los usuarios de Internet superan los 2.500 millones. Por otra parte, la suma de ordenadores en los veinte países con mayor número de computadoras alcanza a 365 millones. Tan sólo en China hay más de 260 millones de teléfonos y en los veinte países con mayor número la cifra supera los mil millones.

Pero quizás la cifra más impresionante (Wikipedia, 2007, 2010, 2013) es la de teléfonos celulares. Inventados por los laboratorios Bell y AT&T en 1947, su comercialización, así como las instalaciones requeridas, se inició en 1983. Las unidades portátiles se abarataron notablemente en los últimos diez años y para fines del año 2005 se estimaba en 2.140 millones el número de suscriptores y en ochenta por ciento la proporción de los pobladores del mundo que directa o indirectamente tenían acceso a un teléfono celular. Las proyecciones para el año 2015 se encuentran en el orden de 4 a 5 mil millones de teléfonos celulares. La velocidad con la cual fluye la información será una característica del siglo XXI.

El libro electrónico difícilmente eliminará al tradicional en papel, pero el número de los mismos crece a una tasa interanual superior al 5% y en la misma proporción disminuyen las ediciones en papel. El mercado de las tabletas, una de las formas para leer los e-Books crece también con rapidez. ¿Ventajas? Muchas, usted puede cargar una biblioteca en una tableta pequeña y liviana. Además los e-Books son más baratos y su traslado de un país a otros se puede hacer simplemente pulsando un botón.

En el campo de la salud surgen miles de nuevos medicamentos, vacunas, instrumentos quirúrgicos o analíticos que no sólo salvan la vida de millones de personas, sino que mejoran las condiciones de vida de otros tantos. Cuatro o cinco generaciones de antibióticos, incorporación de tecnologías desarrolladas en otros campos, como la informática, los rayos láser, la resonancia magnética, óptica, robótica y muchos otros, forman parte rutinaria de la medicina moderna. Mientras tanto, en los laboratorios, universitarios, públicos o privados, se inician estudios destinados a levantar un mapa del genoma humano, a cultivar tejidos y clonar células con el propósito de atacar enfermedades crónicas de origen genético, eventualmente sustituir órganos deteriorados o producir nuevos medicamentos. El resultado final es que de treinta o menos años de expectativa de vida al nacer, en la actualidad en muchos países, la misma oscila entre setenta y cinco y ochenta años, con un creciente número de nonagenarios y centenarios.

El transporte sufre grandes cambios. Se diseñan y se construyen enormes aviones y barcos que no sólo destacan por sus dimensiones, sino también por sus complejos sistemas de control basados en computadoras. Los motores alcanzan potencias impensables cincuenta años atrás como el *Aoki-Wartsila-Sulzer*, con sus 108.920 caballos de fuerza y 14 cilindros de 1.820 litros cada uno, diseñado para grandes barcos y números que rayan en la fantasía, como los 671 millones de vehículos automotores que circulan en el planeta, grandes contribuyentes de los 30 mil millones de toneladas de dióxido de carbono que, de todas las fuentes, contaminan nuestra atmósfera.

En el año 2006 entró en servicio el *Emma Maersk* que con 397,7 m de longitud, 151.687 toneladas de desplazamiento es el mayor navío de contenedores que se haya fabricado. Este enorme barco puede transportar 14.500 contenedores. El mayor tanquero es el *Jahre Viking*, con 485 metros de longitud y capaz de transportar 4,1 millones de barriles, es decir, 564.763 toneladas en cada viaje. No se quedan atrás los barcos de pasajeros y el *Freedom of the Seas*, que puede llevar 3.634 pasajeros y 1.360 tripulantes, desplaza 160 mil toneladas, cuenta con 1.800 cabinas y tiene más de 330 metros de longitud.

Año tras año van apareciendo en el mercado nuevos aviones construidos con materiales más livianos o resistentes, con sistemas automáticos de vuelo e instrumentos que permiten despegues, aterrizajes y navegación más seguros. También hay fracasos y predicciones que no se cumplen, como la aviación comercial supersónica que veinticinco años atrás parecía perfilarse como una solución viable. Pero aviones capaces de transportar 500 pasajeros a 900 km/h ya no son una sorpresa, mientras que otros como X-15 han logrado volar a más de 350 kilómetros de altitud.

La evolución de los materiales, el soporte de las computadoras en el diseño y otras tecnologías están permitiendo la construcción de edificios cada vez más grandes o elevados. Los 4,5 millones de m^3 y 66 metros de altura de la pirámide de Cholula, la construcción de mayor masa de la antigüedad, un cuadrado de 450 m por lado (202.500 m^2), palidece ante el Aalsmeer de Holanda (990 mil m^2), el parlamento de Bucarest (2,5 millones de m^2) o la planta de ensamblaje de Boeing (13, 4 millones de m^2). La pirámide de Giza (146,6 m) o la catedral de Ulm (161 m) ya habían cedido en altura a edificaciones como la Torre Eiffel o el Empire State entre fines del siglo XIX y primer tercio del XX, pero ahora están en proyecto, construcción o concluidas edificaciones cuya altura escapa a cualquier fantasía arquitectónica. El Taipei 101 tiene 449 metros de altura, el Burj Dubai alcanza 828 y en planos se encuentra el World Expo Center de Turquía, que alcanzará los 805 metros de altura.

Las computadoras son herramientas cotidianas en el inicio del siglo XXI. Se encuentran en los sistemas de control de los automóviles, las telecomunicaciones, los satélites artificiales, las oficinas públicas y privadas. La gran mayoría de los ejecutivos y no pocos estudiantes o profesores cargan consigo una computadora portátil. La electrónica anima radios, televisores, relojes, impresoras, teléfonos, cocinas, refrigeradores y mil artefactos más. Es posible llevar en el bolsillo una unidad extraíble con más información acumulada que la existente en cualquier biblioteca de la Edad Media y complementarlo con un teléfono celular y una tableta que además de conectarse a Internet pueden tomar fotografías, grabar videos y guardar las direcciones de muchas personas, amén de servir como reloj y despertador. El acceso casi instantáneo a la información, escrita, oral o visual, está modelando una nueva cultura global y creando nuevas fuentes de poder que parecen ilimitadas.

La capacidad de procesamiento tampoco parece tener límites. La Blue Gene/L de IBM era capaz de hacer 280,6 trillones de cálculos por segundo en el año 2007, la capacidad máxima registrada cinco años antes era de «*apenas*» 7,2 trillones. Luego vendrán Hopper, Cielo, Titan, Kraken, Jaguar y otros equipos, cuyo desempeño se mide en teraflops. Detrás de estos fantásticos artefactos se encuentran los nombres de Zuse con la primera computadora construida en 1941, el transistor (Shockley, Braltain y Bardeen, 1947), la fibra óptica (Kapany, 1952), los circuitos integrados (Kilby y Noyce, 1958).

Pero aun frente a esta avalancha de inventos debemos rendir homenaje a innovaciones, a veces modestas pero que forman o formaron parte de nuestra vida cotidiana, mejorando lo que para muchos significa «calidad de vida», al reducir tiempo y esfuerzos que ahora podemos dedicar a otras cosas. Cómo no admirar el invento de la bolsita con té (Sullivan, 1908), la cocina de gas (Winzler, 1802), la olla a presión (Papin, 1679), las tijeras (Leonardo da Vinci, hacia 1500), el lavamanos (Al-Jazari, hacia 1206), el jabón sólido (Al-Razi, hacia 865), los anteojos (Abbas ibn Firnas, hacia 850), el champú (Mahomet, 1759), los anteojos bifocales (Benjamín Franklin, 1784), los dientes artificiales (Dubois de Chairomont, 1791), el piano (Cristofori, 1700), la máquina de coser doméstica (Madesberger, 1836), la pluma de fuente (Waterman, 1884) y el bolígrafo (Loud, 1888 y Biro, 1938), la cocina eléctrica (Hadaway, 1896), el café instantáneo (Kato, 1901), la hojilla desechable de afeitar (Gillette, 1901), la tostadora eléctrica de pan (Strite, 1918) o el horno de microondas (Spencer, 1946). Para un elenco de inventos le sugerimos al lector buscar a través de Internet en Wikipedia (*Timeline of inventions*).

El mundo de los alimentos frescos, cortados, preparados, enlatados, congelados, liofilizados y empacados al vacío es enorme. Estos se suman, en los grandes supermercados de la actualidad, a una llamativa diversidad de artículos de uso personal como cremas, jabones, desodorantes, peines, cepillos, pinturas para labios o uñas, secadoras de pelo, pinzas, pasta de dientes y artefactos menores para el hogar. Alimentos y accesorios tienen tal diversidad en nuestros días que el número de códigos de barra que distingue la lectora óptica de la caja registradora puede llegar a 150 mil en una gran tienda.

Sobre la historia de los alimentos puede escribirse otro libro. Miles de innovaciones se han acumulado desde que se publicó en Roma el primer gran recetario, pasando por el primer uso del tapón de corcho hacia 1530, las mermeladas comerciales en 1587, la primera heladería en 1670 o el primer enlatado (Durand, 1810). Una larga cadena de inventos se encuentra detrás de los grandes nombres de empresas como Campbell's, Cadbury, Heinz, Kraft, Nabisco, Hershey's, Nestlé, Coca Cola, Plumrose o Cargill, para citar algunas.

Cada uno de ellos tiene a uno o más inventores detrás del proceso de manufactura. Con más de 1.800.000 patentes nuevas por año, el inventor contemporáneo corre el indudable riesgo de no ser tan conocido como Edison o Gutenberg.

Capítulo 15

Reflexiones para el futuro

Cincuenta siglos de intensa actividad humana se hacen evidentes en toda su magnitud. Cerca de 7 mil millones de bocas que alimentar y cuerpos que requieren ser vestidos, albergados y transportados no pueden menos que dejar cicatrices sobre la geografía y severas perturbaciones sobre los ecosistemas y el clima. Han desaparecido millones de kilómetros cuadrados de bosques, se registran grandes procesos de erosión, se han reducido las fuentes de agua y crece la evidencia del papel de la actividad humana sobre trastornos climáticos regionales y globales.

Algunos autores sostienen que existe una relación de causa y efecto entre el desarrollo tecnológico y el daño ambiental. Otros piensan que el impacto no es necesariamente una consecuencia de la tecnología, sino del crecimiento poblacional. En todo caso, uno y otro han ido de la mano desde que el hombre dominó el fuego e inventó la agricultura, de allí que no sea absurdo pensar que la mayor responsabilidad estriba en aquellas tecnologías que han permitido el crecimiento de las poblaciones humanas y no han faltado posiciones radicales que claman por forzar el improbable retorno a la época en que el hombre sólo dominaba el fuego y las técnicas asociadas a la cacería.

Se trata de un problema muy complejo. Parece poco probable que su solución se encuentre en el retorno al Neolítico, una respuesta más romántica que práctica. ¿Cuántos seres humanos están dispuestos a vivir como lo hacían nuestros ancestros de hace cinco, diez o veinte siglos atrás? Creo que muy pocos. John K. Gailbraith (1908-2006) en una oportunidad señalaba que algunas personas consideraban la contaminación sónica de los nuevos aviones como un problema más grave que el generado por el ruido de los ferrocarriles. En el primer caso la novedad era vista con sospecha, la familiaridad de muchos con el ferrocarril lo hacen verlo con mayor tolerancia. Quizás esto ilustra las complejas reacciones que debemos esperar de la sociedad contemporánea frente a los problemas ambientales.

La innovación no sólo determina progreso, sino también poder. Las dos ideologías contemporáneas menos conciliables, el socialismo y el capitalismo, nacieron al amparo de la revolución industrial, ambas herederas de la tradición judeocristiana y del liberalismo occidental. Nacen bajo el principio del dominio y control sobre el entorno en beneficio del hombre. La idea de crecimiento sostenible o sustentable, de progresar preservando los recursos para las generaciones venideras, es una novedad importante del siglo XX.

Ambos sistemas basaron su propaganda proselitista en estadísticas de cantidad y rara vez de calidad. Compitiendo por votos, almas, mercados y áreas de influencia, abusaron de los recursos naturales sin una filosofía ambiental y sin una comprensión científica del delicado balance que estaban alterando.

Sin embargo, ahora, en plena era tecnológica, vemos con razonable optimismo el tránsito hacia formas de producción mejor integradas a la naturaleza y acuerdos internacionales sobre el uso de la energía, la preservación del agua, de la flora y la fauna. Las conferencias y acuerdos como los de Estocolmo, Río de Janeiro y Kioto ilustran la expansión de una nueva cultura, al margen del incumplimiento parcial de muchos acuerdos y las dificultades que éstos plantean para reducir o cambiar la producción de bienes y servicios.

El señor Gorbachov (1931-), presidente de la Unión Soviética entre 1989 y 1991, y premio Nobel de la Paz, proponía, hace unos años, que el país que dirigía incrementara la productividad mediante el uso de nuevas tecnologías en lugar de las antiguas, humeantes y poco competitivas fábricas, pero el país se desintegró antes que la renovación deseada ocurriera. Los Estados Unidos, el principal consumidor de hierro, acero y combustibles fósiles, así como el principal exportador de tecnologías y productos con impacto sobre el ambiente, también cuenta con figuras con liderazgo en movimientos ecológicos o conservacionistas.

Japón, responsable directo o indirecto por la desaparición de buena parte de los bosques del sureste de Asia y hasta hace poco el único país que persistía en la pesca de ballenas, ve igualmente surgir en su seno importantes corrientes ambientalistas. En Europa occidental se están realizando grandes inversiones para recuperar áreas deterioradas o para atenuar los procesos de contaminación. En todos ellos existe ya legislación abundante, normas y organizaciones públicas que se han apuntado no pocos éxitos preventivos o correctivos, desde el etiquetado verde hasta limitaciones a la importación de productos procedentes de fábricas donde no se respetan los derechos humanos.

Pero en países en vías de desarrollo los procesos de agresión ambiental siguen aumentando año con año y determinan niveles de erosión y contaminación sumamente graves. La pobreza es un factor importante en el deterioro ambiental y las medidas de reversión del daño, suelen ser un lujo en comunidades que aún no han podido resolver sus problemas básicos. ¿Cómo pedirle conciencia ambiental a quien lucha cada día simplemente para sobrevivir? La responsabilidad global ahora debe estar compartida entre los poderosos y los numerosos. No es difícil prever el impacto que podrían generar sobre el ambiente los casi tres mil millones de habitantes de China e India si evolucionan económicamente copiando los parámetros de la revolución industrial.

En los países del Primer Mundo ya ha comenzado la nueva era tecnológica, en los segundos, con un atraso que a veces es de décadas, y que suelen estar cabalgando aún el primer ciclo de la Revolución Industrial y sus viejas tecnologías.

Optimistas y pesimistas chocan en sus pronósticos. Se dibujan panoramas apocalípticos o modelos de vida para el futuro que parecen paraísos terrenales. Sin embargo, el balance, en la primera década del siglo XXI es que si algunas cosas cambian, podemos ser razonablemente optimistas sobre el futuro del planeta. Las cuestiones más importantes son la reducción de las tasas de crecimiento de la población y del consumo de energía, así como mejoras en las tecnologías de producción agrícola.

El acelerado proceso de urbanización ha reducido, por fortuna, la velocidad del crecimiento poblacional. Impuestos y leyes pueden incidir sobre el consumo de energía y el empleo abusivo de plaguicidas y fertilizantes. Pero quizás tan importante como todo lo anterior es la inversión en el desarrollo de una ética global, de una nueva visión del mundo, que, como indicamos en alguna oportunidad «cuestiona las ideas previas de progreso y evolución social y que mira a la naturaleza como un conjunto de bienes y servicios esencialmente no renovables y desprovistos de la infinitud con la cual previamente la concebimos».

Nuestras ideas acerca del impacto de la tecnología sobre el ambiente han cambiado con los años. De posiciones radicales, debido al tipo de industria que veíamos crecer, el uso irresponsable de fertilizantes y pesticidas, la inexistencia de legislación ambiental y la indiferencia de los gobiernos hacia los problemas ambientales luego fue necesario entender que también había prioridades para disminuir la mortalidad infantil, eliminar las enfermedades transmisibles y contagiosas, alimentar a la población y generar empleos. También descubrimos que en los países pobres ocuparse del ambiente era un lujo y que reducir la pobreza no es sólo una importante meta social, sino también una prioridad ambiental.

Hoy estamos dispuestos a aceptar que no hay relaciones lineales entre la implantación de una tecnología, el deterioro y la preservación del ambiente. El análisis histórico precedente ilustra cómo una misma tecnología, en tiempos, geografía o gobiernos diferentes, ha determinado impactos ambientales distintos. Basta citar el extraordinario beneficio determinado por la explotación del carbón sobre la preservación de los bosques y cuencas de Europa. Luego las más limpias operaciones de extracción de petróleo, cuando las comparamos con las minas de carbón a «cielo abierto».

La pátina grisácea que cubrió los edificios de media Europa ahora es inexistente gracias al empleo del gas, la energía eólica y las plantas atómicas. Estas últimas constituyen una amenaza distinta y la legislación y las normas de funcionamiento de éstas son cada vez más estrictas. Nadie quiere una planta atómica en su vecindario.

En efecto, la línea evolutiva de las tecnologías energéticas tiene ángulos oscuros si medimos la gravedad de los derrames petroleros y la contaminación atmosférica por el empleo masivo de combustibles fósiles y los comparamos con el empleo de la madera. Cada nueva tecnología ha representado un conjunto de nuevos problemas sociales y ambientales, y no siempre la eliminación de los viejos. Pero lo que sí hemos aprendido que es falso es que el progreso y el crecimiento de la población sean elementos indisolubles.

El crecimiento de la población humana con frecuencia oscurece el análisis de la relación entre las tecnologías, el ambiente y la sociedad como un todo. Cuando se discute la aplicabilidad de tecnologías apropiadas y bien integradas, lo primero que llama la atención es que los proponentes están dirigiendo su esfuerzo hacia un número reducido de personas. Muchas tecnologías sustitutivas, que apuntan hacia la sostenibilidad, son válidas para una pequeña comunidad, pero, tan pronto esa comunidad crece en número, resultan inadecuadas. Son como las prácticas agrícolas de Mesopotamia que al extenderse sepultaron a Nínive bajo el lodo. La zona que ocupan Jordania, Palestina, Israel y Líbano en la actualidad fue desertificada casi totalmente entre dos mil y tres mil años atrás por una población de unos tres millones de habitantes que carecían de fertilizantes, plaguicidas o máquinas agrícolas. Usaron tecnologías muy elementales y, aun así, causaron severos daños ambientales.

La visión que consideraba al progreso como estrecha e ineludiblemente vinculada al crecimiento de la población corresponde básicamente al período de expansión del capitalismo y de consolidación del socialismo en el Este de Europa. En ambos casos más gente significaba más consumidores, más fuerza de trabajo, ejércitos más numerosos y una masa crítica de recursos humanos capaces de crear más riqueza o bienestar. En algunos países se llegó a premiar a las madres más fecundas. Pero esa época, al menos así lo esperamos, está quedando atrás. Un cierto número de países europeos muestran estabilidad y algunos hasta una tasa negativa de crecimiento. Si los habitantes actuales de Suiza, país con una elevada conciencia ambiental, bastante equidad en el ingreso y elevado nivel educativo, emplearan las tecnologías agrícolas de la antigua Mesopotamia, hace años hubieran acabado con el país.

Una visión optimista de este crecimiento, señalaba Kenneth Watt, uno de los ecólogos más destacados, está sustentada en la economía de escala, las elevadas tasas de crecimiento económico, la autosuficiencia económica en países densamente poblados, concentración urbana que determina costos de transporte más reducidos, mayor movilidad social y libertad personal. Todo esto es evidente en la sociedad moderna y sin duda el hombre del siglo XX se benefició de los bienes y servicios derivados de una revolución industrial y tecnológica que tuvo entre sus elementos de impulso más importantes el crecimiento sostenido de la población y su concentración humana.

Pero la cuestión relevante no es discutir si el crecimiento fue un factor de primer orden para lograr el progreso que hemos alcanzado, sino si es factible permanecer sobre esa ruta y por cuánto tiempo más. La visión optimista ha encontrado en la tecnología argumentos de solidez. Así, se sostiene que el crecimiento de la población eleva la competitividad, que hace imperante el buscar continuamente solución a los problemas que la misma tecnología genera y así se establece un círculo virtuoso e infinito de creatividad. La visión optimista establece que si se agotan los combustibles fósiles, pronto se desarrollará una tecnología eficiente para obtener energía del sol, si destruye los suelos, la hidroponía será una alternativa, y así sucesivamente.

Las premisas de la escuela optimista se basan en que: a) el hombre es incapaz de acabar con su propia civilización; b) los recursos son, o podemos hacerlos, ilimitados, y c) la inventiva crece continuamente.

Pero veamos cuán válidas son esas premisas sobre una perspectiva histórica. La validez de la primera está razonablemente confirmada con la presencia del hombre sobre el planeta, pero sólo hasta ahora. En efecto, a pesar de su muy accidentada historia, altibajos y depredaciones, el *Homo sapiens* ha sobrevivido y vive en el siglo XXI, en promedio, mejor que en cualquier época pasada. Pero es falsa desde una óptica temporal o regional. Nuestra historia está llena de culturas fenecidas, múltiples experimentos sociales o ambientales que no resultaron exitosos. Allí están las áridas tierras del Medio Oriente, la desertificada Sicilia, la senescencia de Roma, las hambrunas y plagas del Medioevo, el retorno del paludismo y el incremento de las enfermedades urbanas e industriales.

La segunda premisa se nos antoja fácilmente rebatible. Los recursos del planeta tienen límite. Puede ser discutible la eficiencia con la que actualmente los explotamos, pero los límites existen, son cuantificables. Las escuelas optimistas suelen construir periódicamente algún nuevo mito, pero pronto deben ceder a la evidencia. Uno de ellos, vigente entre 1950 y 1970, fue el mar y sus recursos como solución universal. Hoy vemos cómo, año a año, se va reduciendo su papel como fuente de proteínas y energía. Además, sabemos a ciencia cierta que con las tecnologías actualmente disponibles y con aquellas que lo estarán en un futuro inmediato no podremos extraer más del diez por ciento de las calorías de la demanda mundial.

El tránsito por el mito de la revolución verde, el de las proteínas de petróleo, nos lleva hoy al la biotecnología. Cierto es que la revolución verde en su momento, como en la actualidad otras tecnologías y en el futuro las variedades genéticamente modificadas, resolverán una fracción del problema, pero cada familia de tecnologías encuentra su límite y no puede, *ad infinitum,* resolver todos los retos que plantea el crecimiento continuo de la población, de allí que éste sea el primer y más importante de los problemas.

Existen otros límites para cada nueva tecnología, límites impuestos por el tiempo requerido para su difusión y empleo; otros establecidos por los patrones culturales, las ideas religiosas, los costos económicos o la disponibilidad de recursos humanos. Límites flexibles, pero límites al fin.

Pero ¿acaso el tiempo es un recurso sin límite? ¿Podemos basar el futuro de la humanidad en la presunción de que el hombre siempre encontrará una forma para ampliar los límites? ¿No será prudente actuar con mayor cautela y crear mayores controles sociales sobre la tecnología? Cuando asistimos al debate sobre el recalentamiento global y sus posibles consecuencias, entre ellas la destrucción de docenas de ciudades portuarias y modificaciones en el patrón de producción agrícola, no podemos menos que ser cautelosos. Esperar a que la evidencia científica sea abrumadora nos puede llevar a situaciones irreversibles con enormes daños a personas y bienes.

La tercera premisa parece haber sido validada por la historia. Sí, la inventiva crece en forma continua, no parece haber límite a la creatividad del hombre. En esto no podemos estar más de acuerdo. Pero donde el argumento falla es en transformar la inventiva en artículo de fe. Es como si el hombre, en lo colectivo, tuviese la capacidad de responder instantáneamente y en la dirección apropiada cada vez que enfrenta un problema. La historia nos muestra que eso no ocurre así, las sociedades son organismos muy complejos, nada es simple, lineal o fácilmente predecible.

La historia de la ciencia y la tecnología ilustra la extraordinaria capacidad de inventiva de la humanidad, pero también graves errores, así como el empleo de la creatividad para los peores destinos. Si toda la inventiva estuviera orientada exclusivamente a procurar nuevas fuentes de alimento y salud, nuevas formas de explotar al ambiente en armonía con los principios básicos de funcionamiento de los ecosistemas, quizás esta premisa fuese acertada. Pero ni en el pasado, ni el presente, ni en el futuro previsible será posible orientar toda la fuerza de la creatividad humana en una sola dirección. La sociedad debe establecer controles.

En la década de 1960 se inició la famosa revolución verde. Por breves años la prensa, las revistas especializadas, foros y congresos se llenaron de titulares y opiniones sobre la misma. Algunos se atrevieron a proclamar que se había encontrado la solución al hambre universal, al subdesarrollo, a la pobreza de los países tropicales del mundo.

La revolución verde estaba basada en tres elementos tecnológicos: maquinaria agrícola, fertilizantes y pesticidas, y variedades genéticamente seleccionadas. Formalmente lógica, la revolución intentaba asociar, en los países pobres, tres tecnologías en desarrollo, una combinación tecnológica que exigía una gran inversión de bienes de capital, energía, capacidad local para fabricar fertilizantes y pesticidas, un sistema científico-tecnológico capaz de transferir las técnicas de selección genética a las condiciones ecológicas locales, un mercado para los nuevos productos y quién sabe cuantas cosas más que faltaban en esos países.

En una primera y a veces subsidiada etapa la productividad obviamente aumentó. Luego el interés político y económico cedió al observar que esa trilogía tecnológica conducía al endeudamiento público y la migración de divisas, ya era necesario importar tanto la maquinaria como los productos químicos, las semillas y hasta la asistencia técnica para integrar los nuevos métodos.

En algunos países se logró una sustancial reducción en la factura de importación de alimentos, otros aumentaron sus exportaciones, pero también buen número de ríos y lagos están contaminados por organoclorados o fosforados, la resistencia de numerosos insectos a los pesticidas ha sido registrada y abundan los cementerios de «chatarra» agrícola por la incapacidad local para fabricar piezas de reposición o darle mantenimiento adecuado a equipos de alto costo y complejidad técnica.

El planteamiento de la revolución verde era técnicamente acertado. El error fue no haber tomado en cuenta factores económicos y sociales que atentaban contra ella; haber pensado que se puede transferir a ciegas una tecnología sin crear previamente condiciones locales para su cabal dominio y aplicación.

Buena parte del debate en torno al conflicto tecnología-ambiente, o tecnología-sociedad, está asociado a los efectos de la Revolución industrial. Este profundo cambio en las formas de producción y en el uso de la energía se propagó, con peculiaridades y grados locales de intensidad, por buena parte del mundo. Por vez primera el hombre se enfrentó a un problema global con causas que podía diagnosticar con razonable precisión. Incluso en países poco desarrollados los efectos son dramáticos y esto explica esta preocupación universal.

A pesar de que nuestros países son reconocidos como suplidores de materia prima y que con frecuencia nos movemos a la zaga de los cambios tecnológicos que imponen los países industrializados, tarde o temprano nos incorporamos a las tendencias. A veces como pasivos recipientes de «plantas llave en mano», pero en otras oportunidades adquirimos, por decisión propia, las tecnologías de ultramar. Hace ya medio siglo que en América Latina y en otras zonas del mundo, se impuso entre los conductores políticos y económicos la tesis de la sustitución de importaciones de consumo masivo, cosa que significaba importar los productos de la Revolución industrial.

El proceso de sustitución de importaciones estuvo esencialmente orientado hacia los bienes de consumo. A un lado fueron dejados los bienes de capital y el desarrollo de una capacidad tecnológica local. El esfuerzo estuvo orientado a repetir el ciclo por el cual habían pasado las naciones industrializadas, pero sin crear condiciones para el desarrollo del talento local y simplemente pagando en divisas los productos de la creatividad foránea. La idea dominante era quemar etapas con rapidez, sustituir en los anaqueles de los supermercados las latas importadas por otras hechas en el país. No hubo la requerida paciencia y previsión para que cada nación desarrollara un establecimiento científico y tecnológico capaz de contribuir con cada una de las etapas del proceso industrial, ni una visión para construir industrias de exportación competitivas, que son la principal fuerza inductora de la creatividad.

El costo de esta estrategia ha sido elevado, no sólo en términos de la deuda externa, sino también en relación con el impacto sobre el ambiente. Buena parte de nuestros establecimientos industriales son contaminantes y con frecuencia antiguos. También hemos causado severos daños por prácticas agrícolas primitivas y uso empírico de fertilizantes y pesticidas, construcción de carreteras y autopistas sin ningún tipo de previsión ecológica, así como obras macroambientales como represas y centrales hidroeléctricas, explotación de minerales a cielo abierto y frecuentes derrames petroleros.

En breves años nuestra soñolienta economía feudal cambió radicalmente y, sin lograr resolver los problemas sociales más importantes, adquirimos fachada de países industrializados plagados de procesos ineficientes y contaminantes. No basta con acusar a los países industrializados del daño global, hay que mirar también al interior de los nuestros.

En la actualidad casi todos los países cuentan con bases legales que hacen necesarios los estudios sobre el impacto ambiental y que obliga a las industrias a tratar sus efluentes. Normas que establecen el contenido máximo de contaminantes en las aguas servidas y crecientes inversiones por parte del sector público para el saneamiento de áreas seriamente deterioradas. Muchos de esos controles nacen con las denuncias de una bióloga marina, Rachel Carson (1907-1964), en la década de 1960, cuando se descubren los efectos nocivos del DDT y publica su famoso libro *Silent spring* (*Primavera silenciosa*).

En la primera década de siglo XXI observamos un gradual proceso de rescate en ciertas zonas y se intenta, a veces sin éxito, realizar controles de tipo preventivo. Sin embargo, la ineficiencia caracteriza los controles de Estados que sienten que sus prioridades son otras. En efecto, la veloz emergencia de las nuevas tecnologías, discutida en secciones previas, abre la alternativa de nuevos procesos industriales más limpios y conciliatorios. Algunas quizás introduzcan riesgos de otro tipo, pero muchos atenuarán el impacto del hombre sobre el ambiente o le otorgarán herramientas científicas para prever y planificar el uso del espacio terrestre. Existe un «futuro posible», como señaló Barbara Ward, periodista, educadora y economista inglesa (1914-1981), un futuro en el que las fuerzas económicas, la tecnología y la preservación del ambiente pueden establecer un diálogo orientado a metas comunes, a elevar la calidad de la vida humana en el planeta y preservar las otras formas de vida. Ward era optimista en la década de 1960 y señalaba que ese futuro era posible debido al surgimiento de muchas opciones, unas tecnológicas, otras sociales, todas orientadas hacia el uso racional de los recursos naturales.

Entre las alternativas sociales destaca un creciente clima global en el que, con libertad, la opinión pública discute y juzga los procesos políticos o económicos que pueden colocar en peligro la estabilidad ecológica del planeta. Libres de componentes mágicos y de filosofías desarrollistas a ultranza, de los dogmas del capitalismo o del socialismo, la humanidad va adquiriendo una responsabilidad colectiva sobre el ambiente. Van quedando atrás los días en que la evaluación y aplicación de una nueva tecnología eran actos privados y exclusivamente orientados a generar más riqueza u otorgarle más poder al gobierno de turno. Ya en muchos países, gobiernos y empresarios, se deben someter a actos públicos en los que la colectividad tiene derecho a aprobar o rechazar la instalación.

Pero ese futuro no puede lograrse si persistimos en realizar tan menguadas inversiones en ciencia y tecnología, como ocurre en buena parte del mundo menos desarrollado. La evolución de esa conciencia colectiva es bloqueada por la persistencia de la pobreza y el autoritarismo de los gobiernos. Esa conciencia colectiva requiere conocimientos sólidos que soporten la capacidad de juzgar y evaluar, requiere una población con mejor educación, mayor cultura científica y funcionarios públicos capaces de usar el conocimiento como una herramienta en la administración del ambiente y sus recursos.

El ambiente no es el único foco del debate internacional sobre la tecnología, también lo son la informática, las armas de destrucción masiva, la automatización de los procesos, la pérdida de ciertas libertades en aras del equilibrio social en las grandes urbes. Frente a la nueva realidad que nos muestran los avances en genética, la posible clonación de seres humanos —o parte de ellos— plantea un debate ético importante como lo ha planteado con claridad Leon Klass (2002), un opositor racional a la creación de seres humanos genéticamente idénticos a su único progenitor. No menos importante es el tema de la privacidad ante la invasión electrónica de los hogares o los problemas de conducta que determinan urbes donde interactúan veinte millones o más habitantes.

Tecnología, repetimos, no es más que conocimiento organizado para generar bienes y servicios. Es un instrumento que exige un componente ético, componente que debe ser introducido por la sociedad. Tecnología puede ser, si así lo decidimos, conocimiento organizado para construir un mundo mejor. También puede servir para acabar con el planeta.

Capítulo 16

Algunos eventos relevantes en la historia de la tecnología

- 1.500.000 a 2.000.000 a. C. El *Homo habilis* construye las primeras herramientas.
- 500.000 a. C. El *Homo erectus* domina el fuego.
- 100.000 a 40.000 años a. C. *Homo sapiens*: abundantes expresiones artísticas, herramientas y utensilios domésticos.
- 25.000 a. C. Evidencia de arcos y flechas en el norte de África.
- 12.000 a. C. «Coyote de Tequixquiac», una de las primeras expresiones artísticas en América.
- 10.000 a. C. La revolución del Neolítico, primeros cultivos y domesticación de animales. Piedras pulidas son comunes. Nace el comercio.
- 8.000 a. C. Alfarería, Primera «ciudad» (Jericó).
- 7.000 a. C. Amplio uso de la arcilla y de la madera en las construcciones.
- 3.600 a. C. Primera evidencia del uso del bronce.
- 2.300 a. C. Bóvedas y cúpulas en Ur. Ladrillos, canales, acueductos.

- 1.500 años a. C. Desarrollo de la escritura cuneiforme en M e s o-potamia y jeroglíficos en Egipto.
- 1500 a. C. Los hititas fabrican hierro por vez primera. Cultura olmeca en México.
- 1200 a. C. Se extiende el uso del cobre. Primeros asentamientos mayas. Desarrollo del concepto de cero y el valor de posición.
- 753 a. C. Probable fecha de la fundación de Roma.
- 690 a.C. Nínive es centro de acumulación tecnológica.
- 660 a. C. Nace Zoroastro y la primera religión «moderna».
- 624 a. C. Nace Tales de Mileto, uno de los primeros exponentes del helenismo.
- 563 a. C. Nace Buda, precursor de las filosofías orientales.
- 551 a. C. Nace Confucio.
- 538 a. C. Cae el Imperio caldeo. Se cierra el ciclo de las grandes culturas mesopotámicas y egipcias.
- 484 a. C. Nace Herodoto, primer historiador científico.
- 469 a. C. Nace Sócrates. Los pueblos griegos están en expansión.
- 466 a. C. Se construye el puerto de El Pireo. Los griegos dominan en comercio del Mediterráneo oriental.
- 390 a. C. Los griegos toman a Roma.
- 384 a. C. Nace Aristóteles, filósofo, naturalista y maestro de Alejandro El Grande.
- 341 a. C. Nace Epicuro y la filosofía del «sentido común».
- 400-300 a. C. Evidencias de la Escuela Médica de Cos.
- 330 a. C. Alejandro está en proceso de consolidar su imperio. Dionisio organiza el primer grupo de «investigación y desarrollo» (nuevas armas para Alejandro).

- 320-280 a. C. Desarrollo del Museo y de la Biblioteca de Alejandría. Escuelas médicas de Alejandría.
- 323 a. C. Muere Alejandro, se desintegra el Imperio y se inicia la dinastía de los «reyes ilustrados» (Ptolomeos) en Alejandría.
- 285 a. C. Se inicia el gobierno de Ptolomeo Filadelfo en Alejandría. Ktesibio y Herón inventan diversos artefactos. En Siracusa, Arquímedes desarrolla ideas sobre la gravedad absoluta de los cuerpos. Los romanos avanzan.
- 256 a. C. La flota romana derrota a los cartagineses.
- 164 a. C. Nace Asoka, quien asocia la cultura helénica y el budismo en la India.
- 40 a. C. Julio César emperador de Roma. Expansionismo romano hacia occidente y norte. Destaca Agripa como tecnólogo y estratega.
- 1 Nacimiento de Cristo.
- 129 d. C. Nace Galeno, quien introduce en Roma los conocimientos médicos alejandrinos.
- 220 d. C. Unificación de China. Presión sobre las tribus bárbaras.
- 100 a. C-200 d. C. Desarrollo de las técnicas romanas de construcción civil (arco, cemento, mosaicos, vidrio, plomo, acueducto, baños y puentes).
- 250-300 d. C. Desarrollo inicial del cristianismo. Decadencia del Imperio romano, guerras civiles, incursiones de las tribus del norte.
- 379 d. C. Las tribus del norte controlan políticamente Roma y Bizancio.
- 455 d. C. Los vándalos toman Roma. Fin del Imperio.
- 527 d. C. Nace Justiniano, bajo su gobierno se fortalece Bizancio y se construye Santa Sofía.

- 650 d. C. En Persia se construyen los primeros molinos de viento.
- 685 d. C. Comienza la consolidación y expansión del mundo árabe.
- 732 d. C. Martel detiene a los árabes en Poitiers.
- 768 d. C. Nace Carlomagno, quien hará el primer intento de unificación de las tribus europeas.
- 786-809 d. C. Califato de Harum al-Rashid. Desarrollo de la biblioteca de Bagdad, avances en la medicina y las matemáticas.
- 865 d. C. Nace Razés, uno de los árabes más cultos e ingeniosos del Imperio.
- 900 d. C. Se crea la Escuela Médica de Salerno.
- c. 1000. Teófilo compila las técnicas de construcción y artes religiosos medievales.
- Aprox. 1000. Los chinos o los árabes inventan la pólvora.
- 1065. Se crea la Universidad de Bagdad.
- 1095. Primera Cruzada. Se amplían los contactos con la cultura árabe y aumenta el comercio.
- 1150. Fundación de la Universidad de París.
- 1168. Se crea la Universidad de Oxford.
- 1215. Fundación de la Universidad de Salamanca.
- 1219. Nace Roger Bacon.
- 1224. Federico II, emperador de Occidente, crea la Universidad de Nápoles y atrae árabes, judíos y otros intelectuales a su corte.
- 1237. Nemorarius publica *Elementa de Ponderis*, uno de los primeros textos tecnológicos.
- 1200-1300. Incremento en el comercio entre Europa, el Medio y el Lejano Oriente.

- 1280. La Universidad de París inaugura su sistema de correos.
- 1313. Avances en la tecnología de las armas de fuego (cañones de madera). Máximo desarrollo de las armaduras.
- 1379. Nace Brunelleschi, diseñador del Domo de Santa María. Le siguen Alberti, Bramante y Miguel Ángel en la innovación arquitectónica.
- 1450. Se extiende el uso de la artillería.
- 1452. Nace Leonardo da Vinci, inventor múltiple y artista.
- 1456. Gutenberg desarrolla la imprenta.
- 1466. Nace Erasmo de Rotterdam, humanista y precursor de la Reforma.
- 1473. Nace Nicolás Copérnico.
- 1483. Nace Martín Lutero. En 1520 inicia La Reforma con su «Carta a la nobleza germánica».
- 1492. Cristóbal Colón llega a América.
- 1540. Biringuccio publica el libro *Pirotechnia.*
- 1561. Nace Francis Bacon. Con él la experimentación, la filosofía de la ciencia y el concepto de integración ciencia-tecnología.
- 1564. Nace Galileo.
- 1571. Bartolomé Medina, en México, desarrolla la tecnología de la amalgama para extraer metales preciosos.
- 1578. Nace William Harvey. Con él se retorna a la observación directa de órganos y funciones en el cuerpo humano.
- 1538. Primera revista técnica (Besson).
- 1593. Tratado de Coler sobre técnicas y economía.
- 1635. Nace Robert Hooke, secretario de la Royal Society, gran observador de diversos fenómenos e inventor múltiple.

- 1649. Carlos I es decapitado; triunfa la revolución de Cromwell.
- 1662. Es fundada la Royal Society en Inglaterra.
- 1687. Isaac Newton publica *Principia matemática.*
- 1707. Nace Buffon, autor de la *Historia natural* y pionero del evolucionismo.
- 1709. Se emplea el coque por primera vez en la fundición de hierro (Darby).
- 1771. Primera máquina de vapor de Newcomen. Uso limitado.
- 1720-1750. Numerosas innovaciones mecánicas en la industria textil.
- 1723. Nace Adam Smith, quien desarrollará las bases de la economía como ciencia y técnica.
- 1733. Nace Priestley, pionero de una nutrida pléyade de investigadores tecnológicos.
- 1740. Nace Federico II, quien intentará unificar y modernizar a los pueblos germanos.
- 1760. Se fabrican cañones en serie (Roebuck, Wilkinson). Los ejércitos «nacionales» demandan manufacturas en serie.
- 1762. Nace Catalina de Rusia.
- 1768. Primer prototipo de James Watt. Un industrial invierte capital para desarrollar la máquina de vapor.
- 1769. Nace Napoleón Bonaparte.
- 1776. Los Estados Unidos se independizan de Inglaterra.
- 1779. Primer puente metálico.
- 1780. La máquina de vapor de Watt en operación.
- 1789. Revolución francesa.

- 1791. Nace Faraday, el "padre" de la electricidad.
- 1798. Malthus publica *Ensayos sobre la población.*
- 1800. Volta construye la primera pila eléctrica.
- 1803. Nace Justus von Liebig, padre de la fisiología y la agronomía.
- 1809. Nace Charles Darwin.
- 1810-1811. Se inicia el proceso de independencia de América Latina.
- 1810-1830. Creación de numerosos institutos y laboratorios de investigación y desarrollo tecnológico en Alemania. Primeras «políticas de Estado» en este particular.
- 1814. Napoleón es derrocado. Stephenson desarrolla la locomotora.
- 1818. Nace Karl Marx.
- 1822. Nace Luis Pasteur.
- 1830-1880. Numerosos descubrimientos: principios básicos de la física, química y biología. Numerosas innovaciones mecánicas. Desarrollo de la química industrial, fisiología y parasitología: Virchow, Bernard, Pasteur, Koch, Kirchhoff, Bunsen, Fischer, Maxwell y otros.
- 1839. Vulcanización del caucho (Goodyear).
- 1840. Primer fertilizante artificial (Justus von Liebig).
- 1840. Samuel Morse desarrolla su código telegráfico.
- 1843. Se crea la primera estación experimental agrícola (Inglaterra).
- 1846. Imprenta rotativa (R. Hoe).
- 1846. Nace Westinghouse, ejemplo de la asociación entre la inventiva y la industria.

- 1847. Nace Thomas Alva Edison, inventor múltiple e industrial.
- 1855. Se introduce el proceso Bessemer en la industria del acero.
- 1856. Invento del celuloide (Parkes).
- 1859. Darwin publica *El origen de las especies* y la biología adquiere una teoría unificadora como las otras ciencias básicas.
- 1862. Los Estados Unidos crean los «Land Grant Colleges"» y se impulsan la investigación y las tecnologías agrícolas.
- 1863. Se crea la National Academy of Sciences en los Estados Unidos.
- 1866. Se invento de la dinamita (Alfred Nobel).
- 1867. Lister introduce técnicas de asepsia en los hospitales.
- 1872. Máquina sumadora (Barbour).
- 1877. Otto desarrolla el motor de explosión. Graham Bell d e s a-rrolla el teléfono. Patrick Manson involucra a los insectos en la transmisión de algunas enfermedades.
- 1877. Motor de inducción (N. Tesla).
- 1877. Fonógrafo (Thomas Alva Edison).
- 1879. Motor de automóvil (Karl Benz).
- 1882. Se inaugura la estación de Pearl Street (Edison) y la electricidad pasa a ser un servicio público.
- 1884. Parsons desarrolla la turbina a vapor.
- 1885. Motocicleta comercial: (Daimler y Maybach).
- 1897. Diesel construye el primer motor de compresión-ignición.
- 1880-1900. Se descubren numerosos agentes patógenos. Pasteur desarrolla la vacuna antirrábica (1885).
- 1893. Transmisión inalámbrica (N. Tesla)

- 1900. Dirigible (Santos Dumont y Graf von Zeppelin).
- 1901. Café instantáneo (Kato).
- 1901. Hojilla de afeitar desechable (K.C. Gillette).
- 1903. Aeroplano con motor (Wilbur y Orville Wright).
- 1904. Tractor (Holt).
- 1907. Lavadora eléctrica (Alva Fisher y Hurley Corporation).
- 1911. Aparato para aire acondicionado (W. Carrier).
- 1915. Filamento de tungsteno (Langmuir).
- 1922. El radar (Watson-Watt, Taylor, Young, Breit y Tuve).
- 1926. Lámpara fluorescente (Germer).
- 1928. Antibióticos (Alexander Fleming).
- 1930. Nailon (Carothers).
- 1937. Motor de propulsión (Whittle y von Ohain).
- 1938. Fibra de vidrio (Slayter y Thomas).
- 1939. Primera patente de TV en color (González Camarena).
- 1923-1951. Desarrollo de la TV (Zworykin, Baird, Goldmark, Sarnoff y otros).
- 1939. Helicóptero (Sikorsky).
- 1941. Computadora (K. Zuse).
- 1946. Horno de microondas (Spencer).
- 1946. Servicio de telefonía móvil (AT&T y Southwestern Bell).
- 1947. Transistor (Shockley, Brattain y Bardeen).
- 1951. Reactor nuclear para generación eléctrica (Zinn).
- 1955. Disco duro para computadoras (R. Johnson).

- 1958. Circuito integrado (Kilby y Noyce, Fairchild) S e m i-conductor.
- 1958. Satélite de comunicaciones (K. Smith).
- 1960. Rayos láser (Maiman).
- 1961. Disco óptico (Gregg).
- 1968. Primera pantalla de cristal líquido (Janning).
- 1969. Primer hombre en la Luna (N. Amstrong).
- 1971. Correo electrónico (Tomlinson).
- 1971. Microprocesador (Faggin y Hoff).
- 1973. Primer organismo genéticamente modificado (Cohen y Boyer).
- 1973. Computadora personal (Xerox PARC).
- 1975. Secuencia del DNA por terminación de cadena (S a n-ger).
- 1977. Teléfono celular móvil (Bell Labs).
- 1977. Primer tendido experimental de fibra óptica en Inglaterra.
- 1983. Internet, primera red TCP/IP (Kahn, Cerf y otros).
- 1993. GPS, Global Positioning System (Departamento de Defensa de los Estados Unidos).
- 1996. Obtención del primer mamífero por clonación, Dolly (Wilmut y colaboradores).
- 1990-2013. Videojuegos (Varios inventores y empresas)
- 2003. Se anuncia que el 99,99 por ciento del genoma humano ha sido mapeado por un proyecto multinacional.
- 2000-2013. Varios millones de hectáreas sembradas con soya y maíz transgénicos en varios países.

- 2000-2013 Producción comercial de vehículos híbridos. Nuevos materiales y soluciones tecnológicas en vehículos. Nuevas tecnologías de construcción: megaedificios

- 1971-2013. Varias generaciones de computadoras personales con creciente velocidad y capacidad de almacenamiento, transmisión de imágenes y datos.

- 2000-2013. Unidades extraíbles de memoria, DVD, Pen-drive, MP3, Tabletas con acceso a Internet, cámaras,

- 2000-2013. Teléfonos celulares con aditamentos: cámaras, acceso a Internet, video, juegos, textos, transmisión de imágenes.

- 1990-2013. Miles de innovaciones en el software. Nuevos modos de comunicación, redes sociales, Facebook, Twitter. Televisores de Alta Definición y 3-D.

- 1960-2013. Satélites de diversa naturaleza, estaciones espaciales, telescopios en órbita, sondas espaciales transbordadores.

Nota: En las últimas dos décadas, con más intensidad que en las precedentes, el conocimiento avanza por nuevos cauces y las innovaciones surgen con rapidez. Entre otras, en una lista que dista de ser exhaustiva, podemos citar: robótica agrícola, plantas genéticamente modificadas, agricultura de precisión; implantes y prótesis, transplantes, nanomedicina, nuevos fármacos, procesos regenerativos, cirugía robótica, aplicaciones de láser a medicina, imagenología médica; holografía, aplicaciones de láser a TV; bioenergía, energía solar, eólica y geotérmica, eficiencia energética, fusión y fisión, hidrógeno, nuevas baterías; transmisión inalámbrica, inteligencia artificial, imágenes y electrónica, impresión en 3D, e-Books, tabletas y similares; aplicaciones de polímeros, carbono y otros materiales; superconductividad; nanotecnología, nanopartículas, nanorobótica. Vehículos aéreos y terrestres sin conductor. Reciclaje de materiales desechados, tecnologías para reducir emisiones tóxicas y CO2.

Fuentes y lecturas recomendadas

ADAMCZEWSKI, J. (1972): *Nicolás Copérnico y su época*. Varsovia: Ed. Interpress.

AJRAM, K. (1992): Setting the record straight: The Miracle Of Islamic Science Excerpted. En Apéndice B de *The Miracle of Islamic Science*. wikipedia.org/wiki/Alchemy_(Islam).

ARAMBOURG, C. (1963): *La génesis de la humanidad*. Buenos Aires: Editorial Eudeba.

ARDREY, R. (1965): *The Social Contract*. Nueva York: McClellan & Stewart.

ARISTÓTELES (circa 322 a. C.): Physics, trad. de Hardie & Gaye (1952). En Great Books of the Western World. Nueva York: Enciclopedia Britannica.

ARMYTAGE, W. H. C. (1970): *A Social History Of Engineering*. Londres: Faber & Faber.

ARNON, I. (1972): *Organización y administración de la investigación agrícola*. IICA/ OEA, Lima.

ARNON, R. (1984): *Dimensiones de la conciencia histórica*. México: Fondo de Cultura Económica.

ARQUÍMEDES (circa 200 a. C.):«The works of Archimedes including the method», trad. Thomas Heath. En *Great Books of the Western World*. Nueva York: Enciclopedia Britannica.

ASIMOV, I. (1989): *Asimov's Chronology Of Science And Discovery*. Nueva York: Harper & Row.

ASHLEY, E. y M. ANDERSON (1972): *La ecología de la universidad*. Barcelona: Editorial Científico-Médica.

BARBER, P. (2007): Newspaper History. www.historicpages.com

BELTRÁN, S. (1946): *Historia de la ciencia*. Buenos Aires: Editorial Atlántida.

BENESCH, K. (1980): *Tras las huellas de nuestro pasado*. Bogotá: Círculo de Lectores.

BERNAL, I. (1970): *The Mexican Museum of Anthropology*. México: CIPSA.

BETTENBENDER, J. y G. FLEMING (eds.) (1970): *Famous Battles*. Nueva York: Dell Publ. Co.

BEVERIDGE, W. I. B. (1966): *El arte de la investigación científica*. Caracas: Ediciones de la Biblioteca, Universidad Central de Venezuela.

BITSCHAI. J. y M. BRODNY (1956): *A history of urology in Egypt*. Californi: Riverside Press.

CALDER, R. (1960): *La herencia del hombre*. Barcelona: Plaza & Janés.

CALVO, L. (1980): *La crisis de la tecnología.* Barcelona: Editorial Bruguera.

CASTILLA, A. (1988): «Evaluación social de la tecnología». *Fundesco,* agosto, 1988.

CIPOLLA, C. (1976): *The Fontana Economic History of Europe. The XVIth and XVIIth centuries.* Nueva York: Fontana Books.

COATES, J., J. MAHAFFIE, y A. HINES (2000): «One hundred seven assumptions about the future». En *Technology and Future.* Boston-Nueva York: Bedford & St. Martin Press.

COE, M. (1975): *The maya.* Londres: Pelican Books.

CRUISES (2007): www.cruises.about.com

DAHMS, H. (1960): *La Segunda Guerra Mundial.* Barcelona: Editorial Bruguera.

DE BONO, E. (1974): *Eureka. An Illustrated History Of Inventions From The Wheel To The Computer.* Nueva York: Thames & Hudson.

DE KRUIF, P. (1955): *Los cazadores de microbios.* México: Editorial Época..

DE VENANZI, F. (1987): «Investigación y docencia en la Universidad». *Interciencia,* 12: 221- 225.

DIEBNER, B., (1970): *Ten Founding Fathers of the Electrical Science.* Norwalk: Burndy Library.

DISCH, R. (1970): *The Ecological Conscience: Values for survival.* Nueva York: Prentice Hall Inc., Englewood Cliffs.

DOBZHANSKY, T. (1962): *Mankind Evolving*. Toronto: Bantam Books.

DUNN, L. C. (1965): *A Short History of Genetics*. Nueva York: McGraw Hill.

DURUY, V. (1972): *The World of Romans*. Génova: Editorial Minerva.

FARR, Ch. (1971): *From the Jaws of Victory*. Nueva York: Simon & Schuster.

FIGUIER, L. (1880): *L'Année scientifique et industrielle*. París: Hachette.

FREEMAN, C., J. CLARK, y L. SOETE (1982): *Unemployment and Technical Innovation*. Londres: F. Printer ed.

GAILBRAITH, J. K. (1967): *The New Industrial State*. Boston: Houghton Mifflin Co.

GARCÍA , A. (1986): *Los aztecas*. México: CV Editorial.

GARDEN DIGEST (2007): www.gardendigest.com/timegl.htm

GLOBAL AIRCRAFT (2007): www.globalaircraft.org

GLOBAL WARMING (2007): www.globalwarming.org & www.environmentalweb.org

GOODMAN, P. (1969): «¿Can Technology be Humane?». En *The Ecological Conscience*, R. Disch ed. Nueva Jersey: Prentice Hall.

GOWLETT, J. (1992): *Ascent to Civilization*. Nueva York: McGraw-Hill, Inc.

GRAHAM, H. (1942): *Historia de la cirugía*, J. Gil ed. Barcelona: Editorial Iberia.

GREENE, J. (1967): *100 Great Thinkers*. Nueva York: Washington Square Press.

GROSIER, J. (1972): *The World of Ancient China*. Génova: Editorial Minerva.

HALL, A. R. (1954): *The Scientific Revolution 1500-1800*. Londres: Longmans Green.

HEAL Y, T. (1974): *Energy, Electric Power and Man*. San Francisco: Boyd & Fraser Publ. Co.

HOFMAN, J. (1960). *Historia de la matemática*. México: UTEHA,.

HOOKE, R., (1961): *Micrographia*. Facsímil del original (1665). Nueva York: Dover.

ISLAMIC SCIENCE (2006): www.cyberistan.org/ islamic/ sciencehistory.htm

JAMES, W. (1909). *Pragmatismo*. México: Editorial Roble, (1963 reedición).

KAHN, H. y A.J. WIENER (1967): The year 2000: A view from 1967. Basado en un artículo de Kahn y Wiener publicado en *Daedalus* en 1967. En *Teich´s technology and future*. Boston-Nueva York: Bedford & St. Martin Press.

KASS, L.R. (2000): «The Wisdom of Repugnance». En *Teich´S Technology And Future*. Boston-Nueva York: Bedford & St. Martin Press.

KELLENBENZ, H. (1976): «Technology in the age of scientific revolution». En *The Fontana Economic History of Europe*, C. Cipolla ed. Glasgow: Fontana Books.

KIRCHNER, W. (1961): *History of Russia.* Nueva York: Barnes & Noble.

KOHN, H. (1965): *Consideraciones sobre historia moderna.* México: Libreros Mexicanos Unidos.

KOSMINSKY, E. A. (1960): *História da Idade Média.* Río de Janeiro Edit. Vitória.

LE RICHE, W. H. y J. MILLER (1971): *Epidemiology as Medical Ecology.* Edimburgh: Churchill Livingstone.

LERNER, I. (1968): *Heredity, Evolution and Society.* San Francisco: W. H. Freeman.

LIVE SCIENCE (2007): www.livescience.com/technology.

LÓPEZ ACEVEDO, G. (2002): «Tecnhology and skill demand in México». *Policy Res.* Working Paper, No. 2779. Washington: The World Bank.

MACHADO-ALLISON, C. E. (1968): «Tercer centenario de la Micrographia». En *Cultura Universitaria,* 89: 145-150.

MACHADO-ALLISON, C. E. (1976): *Ecología: la paradoja del siglo XX.* Caracas: Fundarte, Cuadernos de Difusión.

MACHADO-ALLISON, C. E. (1976): Introducción al estudio de la evolución. Caracas: Facultad de Ciencias, Universidad Central de Venezuela.

MACHADO-ALLISON, C. E. (1978): «Patrick Manson: un siglo de entomología médica». *Kasmera*, 5: 425-436.

MACHADO-ALLISON, C. E. (1987): *Historias de mosquitos*, Caracas: J. Bigott.

MACHADO-ALLISON, C. E. (1988): Nuevas tecnologías: oportunidad y reto para el Tercer Mundo. En *Nuevas Tecnologías en Venezuela*. Caracas: Instituto de Ingeniería.

MACHADO-ALLISON, C. E. (1989): *La herencia tecnológica*. Caracas: Instituto de Ingeniería.

MACHADO-ALLISON, C. E. y P. ESQUEDA (1987): *Reflexiones sobre investigación y desarrollo en Venezuela*. Caracas: Instituto de Ingeniería.

MESTHENE, E. (2000): «The Role of Technology in Society». En *Teich´s Technology and Future*. Boston-Nueva York: Bedford & St. Martin Press.

MOLS, R. (1976): «Population in Europe 1500-1700». En *The fontana economic history of Europe*, C. Cipolla ed. Glasgow: Fontana Books.

MONTAGU, A. (1963): *Race, Science and Humanity*. Princeton, Nueva York: Van Nostrand & Co.

MUELLER, R. (1965): *Inventiva*. México: Libreros Mexicanos Unidos.

OLIVARES, T. C. (1988): «Formación e innovación tecnológica». *Fundesco*, abril.

ONUDI (1985): *La industria mundial en el decenio de 1980: cambio e interdependencia estructural*. Nueva York: Naciones Unidas.

PELTZ, D. C. (1956): «Some Social Factors Related To Performance In A Research Organization». En *The Sociology of Science*. Nueva York: Barber & Hirsch ed. Collier-MacMillan.

PEOPLE (2007): www.people.bath.ac.uk.

PÉREZ, C. (1985): Hacia una estrategia de desarrollo integral del sector electrónico en Venezuela, ONUDI/CONDIBIECA VEN. 003, Caracas.

PHILLIPS, O. (1981): *La crisis de la energía*. Buenos Aires: Edisar.

PIRELA, A. (1988): «Nuevas y viejas industrias». En *Nuevas Tecnologías en Venezuela*. Caracas: Instituto de Ingeniería.

POOLE, L. y G. POOLE (1964): *Exploradores de la ciencia*. México: Libreros Mexicanos Unidos.

POPULAR MECHANICS (2007): www.popularmechanics.com

PTOLOMEO, C. (circa 151, d.C.) *The Almagest*, trad. R. Catesby 1952. Great Books of the Western World. Nueva York: Enciclopedia Britannica.

REICHENBACH, H. (1952): *From Copernicus to Einstein*. Nueva York: Philosoph Library.

RESEARCH AND MARKETS (2007): www.researchandmarkets.com

RICHARDS, D. y A. D. ELLIS (1974): Medieval Britain. Norfolk: Longman Group.

RUSSELL, B. (1951): *Misticismo y Lógica*. Buenos Aires: Editorial Paidós.

SCIENTIFIC AMERICAN (1960): *Cientistas famosos*. São Paulo: Ibrasa Editores.

SCHIFF, M. y Y. WANG (2003): Regional integration and technology diffusion. Policiy Res. Working Paper, No. 3132. Washignton: The World Bank.

SELLA, D. (1976): «European Industries 1500-1700». En *The Fontana Economic History of Europe*. C. Cipolla ed. Glasgow: Fontana Books.

SILK, R. (1965): *Investigación científica: clave del progreso*. México: Libreros Mexicanos Unidos.

SINGER, Ch. y E. A. UNDERWOOD (1966): *Breve historia de la medicina*. Madrid: Ediciones Guadarrama.

SINGER, Ch. (1945): *Historia de la Biología*. Buenos Aires: Espasa-Calpe.

SPRAGUE DE CAMP, L. (1960): *The Ancient Engineers*. Nueva Jersey: Ballantine Books.

TEICH, A. H. (2000): *Technology and future*. Boston-Nueva York: Bedford & St. Martin Press.

THE GUARDIAN (2012/2013): Nanotechnology World. guardian.co.uk/nanotechnology-world

THORN, J., R. LOCKYER, y D. SMITH (1962): *Historia de Inglaterra*. Barcelona: Editorial Pomaire.

TOFFLER, A. (1980): *La Tercera Ola*. Bogotá: Círculo de Lectores.

UNCTAD (1988): Trade and Development Report. Nueva York: United Nations.

UNCTAD (1988): Las tendencias recientes de las corrientes internacionales de tecnología y sus consecuencias para el desarrollo. TD/B/c.6/145.

VAZQUEZ DE PRADA, V. (1981): *Renacimiento, Reforma y expansión europea.* EUNSA, Historia Universal. Pamplona: Universidad de Navarra.

WAILAI, H. (1959): *A Short History of Chinese Philosophy*. Pekín: Foreign Languages Press.

WARD, B. (1976): *The Home of Man*. Suffolk: Penguin Books.

WASHBURN, S. L. y P. C. JAY (1968): *Perspectives on Human Evolution*. Nueva York: Holt, Rinehart & Winston ed.

WASHINGTON STATE UNIVERSITY (2006): *Agricultural Revolution.* Gen Ed 110. World Civilizations I

WEINBERG, R. (2000): «The dark side of the genome». En *Teich´s Technology And Future*. Boston-Nueva York: Bedford & St. Martin Press.

WELLS, H. G. (1961): *The Outline of History*. Nueva York: Garden City Books.

WIKIPEDIA (2006-2013): www.en.wikipedia.org. Numerosos artículos sobre temas científicos y tecnológicos.

Earth edition

www.earthedition.org

Printed in Dunstable, United Kingdom

91222518R00139